Experimental Soil Mechanics

试 验 土 力 学

【法】 Jean BIAREZ　Pierre-Yves HICHER

尹振宇　姚仰平　译著

U0348494

同济大学 出版社
TONGJI UNIVERSITY PRESS

内 容 提 要

　　本书以大量的饱和砂土和黏土的重塑土样室内试验为基础,从土体作为颗粒材料集合体的特性出发,阐述了应力应变连续性假定的合理性;系统地总结了土体力学特性中的几个基本问题:恒应力比压缩特性、固结压缩特性、正常固结土的剪切特性、超固结土的剪切特性、几个重要参数指标的分类及其相关性、三维强度的中主应力效应、各向异性、循环动力特性、小应变刚度特性、流变特性等。本书精选简明易懂的试验成果和规律总结,以期读者能够在较短时间内具备运用试验方法分析问题和解决问题的能力。

　　本书可作为高等院校和科研院所的土木、水利、交通、铁道、工程地质等专业的研究生教材或高年级本科生的选修课教材,也可作为上述相关专业科研、工程技术人员的参考用书。

图书在版编目(CIP)数据

试验土力学 /(法)比亚尔赫(Biarez,J.),(法)
伊谢尔(Hicher,P-Y.)原著 ;尹振宇,姚仰平编译.
--上海 :同济大学出版社,2014.3
　　ISBN 978-7-5608-5402-1

　　Ⅰ.①试… Ⅱ.①比… ②伊… ③尹… ④姚…
Ⅲ.①土工试验-高等学校-教材 Ⅳ.①TU41

　　中国版本图书馆 CIP 数据核字(2014)第 002824 号

试验土力学

【法】 Jean BIAREZ　Pierre-Yves HICHER　　尹振宇　姚仰平　译著

责任编辑 季　慧　责任校对 徐春莲　封面设计 陈益平

出版发行　同济大学出版社　　www.tongjipress.com.cn
　　　　　(地址:上海市四平路 1239 号　邮编:200092　电话:021-65985622)
经　销　全国各地新华书店
印　刷　同济大学印刷厂
开　本　787mm×1092mm　1/16
印　张　8
字　数　200 000
版　次　2014 年 3 月第 1 版　2016 年 6 月第 2 次印刷
书　号　ISBN 978-7-5608-5402-1

定　价　29.00 元

序 一

It is my great pleasure to introduce this book written in 1989 with Jean BIAREZ to the Chinese-speaking scientific community thanks to the joint efforts of Professors Zhenyu YIN and Yangping YAO.

Jean BIAREZ directed my Ph. D. thesis and our close collaboration lasted until his death in 2006. The impetus for this book came from his desire to produce a synthesis of the research work he had directed first at the University of Grenoble and then at the Ecole Centrale in Paris. His aim was to provide a comprehensive approach for studying some typical behavior of soils considered as discretely structured granular materials. The parameters controlling typical soil behaviors were to be related to the micro-structural characteristics of the soils according to their formation and deposition modes. This idea prompted us to do a thorough analysis of how to link the representative parameters of an equivalent continuous medium to the representative parameters of a discontinuous medium. My own research at that time was focused on constitutive modeling of soil behavior and it was apparent to me that a new book on this subject would be helpful to students and researchers.

Writing the book with Jean BIAREZ was a greatly satisfying and enriching experience. We were fortunate to be joined by Professor David Naylor a few years later for its translation into English. *Elementary Mechanics of Soil Behaviour* published by Balkema Press appeared in 1994 and despite its out-of-print status for many years now, it is still this title which colleagues at international conferences most readily connect with my work.

Therefore the translation into Chinese is a significant step and represents a turning point in the destiny of this book, which this time I am in no position to control. To my regret, I am unable to read the book myself but Zhenyu YIN and Yangping YAO are both personal friends who have my full esteem and trust. Both are illustrious members of the soil mechanics community and each in his own way has made significant contribution to the field.

My acquaintance with Zhenyu YIN goes back to 2002 when he came to the Ecole Centrale in Nantes, France, for a Master degree. Later I directed his Ph. D. thesis on viscoplastic modeling of clay. He has since developed modeling approaches of natural clayey materials, combining the characteristics proper to these materials such as structural anisotropy and the existence of internal cohesion. The role of inherent and/or induced anisotropy is the subject of one of the chapters in this book, whereas the effect of structuration is often treated from observed deviations in the behavior of natural materials vis-à-vis the standard behaviors of remolded materials as presented in the book.

My collaboration with Zhenyu Yin has never ceased even after his return to China to become Professor at the Shanghai Jiao Tong University. We have worked on different topics including multi-scale modeling of mechanical behavior of soils. The spirit of this multi-scale approach guided the work of Jean Biarez and this spirit can be felt throughout the book.

My acquaintance with Professor Yanping YAO goes back to the summer of 2009 when I came to the campus of Beihang University for a workshop organized with the intergroup of the Ecoles Centrales. Our discussion centered immediately on our common interest of constitutive modeling of the mechanical behavior of soils. Even though Professor Yao was already an eminent scientist in the field, due to his research training in Japan, he surprised me by displaying enthusiastic interest in this little book, which my wife happened to show to him. The following year, Professor Yao was invited to Ecole Centrale in Nantes and I was invited to the University of Beihang in 2011. On all these occasions we have evoked the possibility of translating the book into Chinese, notably as a teaching manual for Master students. Finally it was Professor Zhenyu Yin with the indispensable aid of his graduate students who completed the project of the present translation. I hereby express my deep gratitude to each contributor.

Given my longstanding involvement with China, this book is precious to me because I hope to leave something of my work to students in soil mechanics. I have benefitted from great spells of hospitality at many universities in China, in particular the Tongji University in Shanghai. I am proud to have contributed to establishing the double Ph. D degrees program between the Universities of Tongji and Jiaotong in Shanghai and the Ecole Centrale in Nantes, as well as the double Engineering Degrees between Tongji and our school in Nantes. With the CSC program, doctoral students have come to study in Nantes for three years and to obtain their PhDs after which they pursue scientific careers in China and in the world.

My hope is that this book will reinforce a scientific collaboration between France and China, and develop a new school of thought from our respective scientific traditions. I hope that Jean BIAREZ's approach to soil mechanics which has continued to inspire me and so many of his students in and outside of France will now have a chance to inspire a new generation of students in China.

Pierre-Yves HICHER
Nantes, October 2013

序 二

  法国著名土力学专家 Jean BIAREZ 教授和 Pierre-Yves HICHER 教授毕生致力于土的本构关系及岩土工程应用方面的研究。我虽无缘与 BIAREZ 教授相识,但有幸结识 HICHER 教授。最初与 HICHER 教授接触是在 2010 年 GeoShanghai 国际会议上。两年后在清华大学召开的土的本构关系国际会议上,再次与 HICHER 教授相聚,更增进了对他的了解。HICHER 教授作为国际著名的岩土力学专家,长期从事土的基本特性与本构关系的研究,尤其从微细观角度对土的基本力学特性有非常深刻的认识,相关成果为国际同行关注,他现担任多个国际学会的重要职务,并任美国土木工程师协会工程力学期刊副主编,还为我国培养了多位岩土工程领域的青年专家。

  对于岩土力学与岩土工程来说,试验研究及规律总结至关重要。由于仪器或操作等多种原因,许多试验结果都存在着可信度问题。HICHER 教授非常重视试验研究和试验成果的可靠性。正因为此,他的专著 *Elementary Mechanics of Soil Behaviour-Saturated Remoulded Soils* 在国外读者甚多,并被广为引用。从内容上讲,此书汇集了作者在土的室内试验和土的基本特性研究方面的原创性成果,并且从非常直接、直观的试验现象出发,让读者快速、准确地建立起饱和土力学本构特性的概念,解决了同类著述在描述方式上抽象、难懂的缺憾。

  本书译著者尹振宇和姚仰平教授是土的本构关系研究方面的有为专家。尹振宇教授是我国在土的基本理论方面功力颇深的青年学者,他从硕士到博士阶段起便跟随 HICHER 教授,在欧洲尤其是法国工作学习十多年。在土力学与岩土工程领域的国际顶级期刊上发表了许多高水平学术论文,并且积极参与学术交流,在国内外均有一定的知名度,2010 年回国后,一直潜心于土的基本特性和本构关系方面的研究,为我国岩土工程领域的后起之秀。姚仰平教授是我的挚友,长期从事土力学与岩土工程的研究,提出了统一硬化系列模型、变换应力空间方法等有特色的土的本构关系与强度理论,是目前我国土的本构关系研究的代表人物之一。他与 HICHER 教授长期保持交流与合作。他们在原著的基础上,又增加了近些年科研成果的综合及分析,使得此译著既保持了原著的风貌,又融合了他们的分析和认知。

  本书概念清晰、试验精细,成果深具基础性、系统性和创新性,因此特向同行推荐之。

中国土木工程学会土力学及岩土工程分会 理事长
2013 年 12 月于北京清华园

前　言

2010 年初，我们有幸共同在法国南特中央理工大学 HICHER 教授研究团队工作，在探讨科研之余，也讲到了土力学基础教学和研究过程中的一些疑惑。HICHER 教授向我们介绍了他的一些心得并推荐了他与其导师共同撰写的英文专著 *Elementary Mechanics of Soil Behaviour-Saturated Remoulded Soils*，使我们深受启发，并当即决定将此书翻译成中文，与国人共享。然而由于各自忙于工作，直至今日才完成夙愿。

本书是原作者三十余年的土力学科研实践的结晶，主要以较为简单、基础的饱和重塑土室内试验为基础，从土体作为颗粒材料的特性出发，阐述应力应变连续性假定的合理性，系统地总结了土的力学特性中的几个基本问题，如压缩特性、剪切特性、小应变刚度特性、中主应力的影响、各向异性、循环动力特性以及几个重要参数指标的分类及它们之间的相关性等。为了达到让读者零起点入门、快速掌握从试验结果分析总结土力学本构关系的技能，原作者精选了简明易懂的试验内容和规律总结，以期读者能够在较短时间内具备运用试验方法分析和解决问题的能力。

本书的中文译本在原著内容的基础上，结合了近些年科研成果的综合及分析，增加了软土流变特性的阐述。另外，我们对原著的图表重新进行整理，可供读者分析或训练之用，以期对读者有所帮助。

本书的部分成果和出版得到了国家自然科学基金项目（41240024，41372285）、高等学校博士学科点专项科研基金（20110073120012）和上海交通大学国际科研合作种子专项基金项目（2012-1.5.3.1）资助，在此表示衷心的感谢。

感谢上海交通大学研究生金银富、夏云龙、李艳玲、吴则祥、卢阳明、朱启银、刘映晶、张浩、萧潇等在本书编排、整理和校阅过程中所付出的辛勤劳动，特别感谢金银富同学为本书的统稿所做的工作；也感谢北京航空航天大学研究生刘林和胡晶在编辑、校对中的工作。

鉴于我们英语和专业水平的限制，书中难免有纰漏之处，望读者和同行批评指正。

尹振宇　姚仰平

2013 年 12 月

原著前言

一本优秀的专著应该能简单地反映本领域最新的研究进展。否则,这将会浪费工程师们宝贵的时间。因而撰写一本好的专著,需要作者每年都仔细研究成百上千的文献,并对它们进行归纳总结,最终形成系统的知识体系。此外,本书也要尝试探索所撰写的内容是否适合于培养研究生。

书中的部分结果摘自巴黎中央理工大学 C. ZERVOYANNIS 的博士论文。此外,国家文档教育中心的 F. VERGNE 在教育性和技术性上为本书的出版提供了很大帮助。

图表与文字之间的关联性,需要我们在增加文章的可读性和语言表达的严密性方面不断地去完善。同时,我们的设备和画图软件间的结合使文档更新变得越来越容易(软件里都具备标准的版式来加快文档的检查)。然而,我们尚需要研究并不断改进和拓展这种方法,进而提高与相关部门的合作效率。

在这种背景下,本书的研究主要为了展示土力学实践中碰到的土体的基本特性及准则。本项目工作量庞大且困难重重,这就要求我们必须和其他伙伴紧密协作。1989 年,欧洲组织 ERASMUS 提供机会使得我们和全欧洲的同行探讨我们的工作。在此,我们十分感谢 The Gembloux 大学的 VERBRUGGE 教授和葡萄牙里斯本大学的 Antonio 教授。最后,通过 ERASMUS,我们和希腊大学的 CHRISTOULAS 教授取得了联系。到 1990 年止,共有 14 个大学决定参与我们的这个项目。

在将近四分之一个世纪里,得益于连续介质力学和有限元方法方面的研究,土力学的研究得到了长足的发展。很遗憾的是,工程界却从中获益不多。为此,本书加入了试验结果的研究,旨在尽量帮助年轻的工程师获得更加专业的技能。

我们尽可能地按逻辑顺序来重新整理试验数据,以便增强本书的可读性。此外,也可以在培养研究生过程中提高他们的讨论能力,并且促进我们与相关组织的联系和交流。

本书中引用了一些学者的试验数据,并绘制了相应的图表。由于篇幅的限制,本书只列出部分参考文献。

本书研究内容主要关注重塑土,我们可以在研究重塑土的情况下引入相关特性框架来进行探讨。我们将通过对砂土和黏土的类比来说明这些框架可以同时应用于这两种材料。

这并不改变土被分为黏性土和非黏性土的传统分类法。粗颗粒土(无黏聚力)有更好的透水性,因此更加关注其排水特性,而细粒土(有黏聚力)由于透水性较差,所以研究人员主要关注其不排水特性。

大量的失败经验告诉我们,要获得未受扰动的土样不仅经济上不可行,而且技术上也不现实。对于取样器来说,砾石、卵石和巨砾颗粒太大;但是对于有裂隙的土体来说,取样器又太小,因为取样器中的土样不能完整地描述裂隙土的实际状态。而动力测试数据(可以提供相关的非线性弹性数据)的科学解释可以提高我们对原位土性质的认识。同时,我们的计算方法可以用来说明如何通过工程界的测试方法(旁压仪,贯入仪)来提供适用于本构模型所需要的参数。

因此,本书能够为将来更深入地认识原状土提供基础,以便把最近 20 年内获得的科学成果应用于实际问题。作者十分感谢 Edgar BARD，Afif RAHMA 和 Said TAIBI，他们在本书撰写的最后阶段提供了大量的帮助。最后我们还要感谢 David NAYLOR，他并不是一位纯粹的翻译人员，他通过广泛的专业知识的讨论把此书涉及的主要概念表述得更易于被英语国家的读者所接受。

Jean BIAREZ & Pierre-Yves HICHER

符号定义

γ_d	干重度
γ_s	土颗粒重度
γ_w	水的重度
δ	由于外部应力造成的内部颗粒倾斜
$\boldsymbol{\varepsilon}$	应变张量
$d\boldsymbol{\varepsilon}$	应变增量张量
$\varepsilon_1, \varepsilon_2, \varepsilon_3$	大主应变,中主应变,小主应变
γ	剪切应变
$\varepsilon_v^p, \varepsilon_v^e$	塑性、弹性体积应变
$\varepsilon_s^p, \varepsilon_s^e$	塑性、弹性偏应变
η, η'	应力比 q/p'
η_f'	破坏时的应力比 q/p'
η_{max}'	均质应变下的最大应力比 q/p'
η_{peak}'	在应力-应变曲线峰值处的应力比 q/p'
θ	固体面上的液-液或者液-气接触面的角度
κ	超固结各向同性压缩线的斜率($\ln p'\text{-}v$ 或 $\ln p'\text{-}e$ 坐标系下,$\kappa' = C_s/2,3$)
κ_p	恒定平均应力 p' 下偏压缩直线的斜率($\ln(1+\eta'^2/M'^2)\text{-}e$ 坐标系下)
λ	正常固结压缩曲线的斜率($\ln p'\text{-}v$ 或 $\ln p'\text{-}e$ 坐标系下,$\lambda = C_c/2.3$)
ν, ν_g, ν_u	材料的泊松比
$\boldsymbol{\sigma}, \boldsymbol{\sigma}'$	总应力张量,有效应力张量
$d\boldsymbol{\sigma}, d\boldsymbol{\sigma}'$	总应力增量张量,有效应力增量张量
σ_1, σ_1'	大主应力,有效大主应力
σ_2, σ_2'	中主应力,有效中主应力
σ_3, σ_3'	小主应力,有效小主应力
I_1	第一应力不变量 $I_1 = (\sigma_1 + \sigma_2 + \sigma_3)/3$
I_2	第二应力不变量 $I_2 = \sigma_1\sigma_2 + \sigma_2\sigma_3 + \sigma_3\sigma_1$
I_3	第三应力不变量 $I_3 = \sigma_1\sigma_2\sigma_3$
J_2	第二偏应力不变量 $J_2 = [(\sigma_1 - \sigma_2)^2 + (\sigma_2 - \sigma_3)^2 + (\sigma_3 - \sigma_1)^2]/6$
b_σ	中主应力系数 $b_\sigma = (\sigma_2 - \sigma_3)/(\sigma_1 - \sigma_3)$
b_ε	中主应变系数 $b_\varepsilon = (\varepsilon_2 - \varepsilon_3)/(\varepsilon_1 - \varepsilon_3)$
σ_n, τ	总应力的法向和切向分量
$\sigma_n', \tau' = \tau$	有效应力的法向和切向分量
σ_v'	上覆土重力作用下的有效应力
ϕ'	饱和土体的有效摩擦角

ϕ_{u}	不排水摩擦角
ϕ_{ap}	表观峰值摩擦角
ϕ'_{peak} 或者 ϕ'_{max}	土体均质变形下的最大摩擦角
ϕ'_{cs}	临界状态下的摩擦角 $\phi'_{cs}=3M/(6+M)$
ϕ'_{f}	破坏时的摩擦角
ϕ'_{r}	残余摩擦角
ψ 或者 ϕ'_{u}	颗粒间的摩擦角
A，B	孔隙水压力系数
c'	饱和土体的有效黏聚力
c_{u}	不排水抗剪强度
c_{ap}	总应力下的黏聚力
c_{cap}	毛细黏聚力
c'_{ce}	颗粒胶结产生的黏聚力
c'_{oc}	给定应力范围内的表观黏聚力
C_{c}，C_{s}	压缩指数，回弹指数
c_{d}	恒定平均应力 p' 下偏压缩直线的斜率($\log(1+\eta^{2}/M^{2})\text{-}e$ 坐标系下)
C_{u}	不均匀系数($=D_{60}/D_{10}$)
D_{10}，D_{60}	小于某尺寸所占总质量的 10%（60%）时的粒径大小
e	孔隙比
e_{cs}	临界状态时的孔隙比
e_{i}，e_{f}	初始孔隙比，最终孔隙比
e_{min}，e_{max}	最小孔隙比，最大孔隙比
E_{g}	固体颗粒的杨氏模量
E_{e} 或者 E_{max}	弹性范围内的杨氏模量
E_{iso}	给定压力下的等向压缩模量
E_{d}	恒定压力下的偏应变模量
E_{u}	不排水模量
E_{v}	体积压缩模量
E_{oed}^{NC} 或 E_{oed}^{OC}	正常固结或者超固结应力路径下的切线模量
E_{TH}	双曲线准则的切线模量
E_{sec}	应变从 0 到 ε_{1} 的曲线 $q(\varepsilon)$ 的割线模量
F	粒径小于 0.08mm 的颗粒百分比
G	剪切模量
I_{P}	塑性指数($=w_{L}-w_{p}$)
I_{C}	稠度指数($=(w_{L}-w)/I_{p}$)
I_{L}	液性指数($=(w-w_{p})/I_{p}$)

I_D	相对密度($=(e_{max}-e)/(e_{max}-e_{min})$)
I_G	组指数
k	土的渗透系数
k_w	水的渗透系数
k_a	空气渗透系数
K_0	静止侧压力系数($=\sigma'_h/\sigma'_v$)
$K_0'^{NC}, K_0'^{OC}$	正常固结土静止侧压力系数 $K_0'^{NC}=1-\sin\phi'$,超固结土静止侧压力系数
M	在 $q\text{-}p'$ 平面上临界状态线的斜率
n	孔隙率
NC, OC	正常固结,超固结
OCR	超固结比
P_a	大气压力
p	平均应力$=(\sigma_1+\sigma_2+\sigma_3)/3$
p'	平均有效应力
p'_i	等向压缩有效应力
p'_{ic}	最大等向固结应力
σ'_c	最大竖向有效应力
p_0	剑桥模型中参考等向压缩应力
q	偏应力 $q=\sqrt{[(\sigma_1-\sigma_2)^2+(\sigma_2-\sigma_3)^2+(\sigma_3-\sigma_1)^2]/2}$
R_c	无侧限抗压强度
S_r 或 S_w	饱和度
u_w, u_a	水压力,空气压力($u=u_w-u_a$)
v	比容$=1+e$
w	含水量
w_L, w_P	液限,塑限
w_{SL}	缩限
w_{sat}	饱和土体的含水量

目 录

第 1 章　颗粒材料介质力学

土体通常由散体颗粒材料集合而成。连续介质力学可以应用在这些颗粒连续接触的特殊集合体介质中(图 1.1)。因此,土力学研究首先需要解决以下三个基本问题:基本力学方程、材料特性准则以及颗粒边界条件。

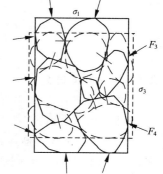

1.1　基本力学方程

基本方程与力和动量相关,即对恒定质量 m,方程为 $F = m\Gamma$。质量与重度相关:单位重度 $\gamma_s = \rho_s g$,其中 ρ_s 是密度,g 为重力加速度。其他的方程都可由质量连续以及动量守恒定律推导而来。

1.2　材料特性准则

图 1.1　散体颗粒材料集合体

1. 颗粒材料特性

通常在小应力或应变范围内,线弹性本构关系(用杨氏模量 E_g 和泊松比 ν_g 来描述)便足以描述颗粒材料的特性。然而,在特定的问题上,比如打桩时应力足够大导致的颗粒破碎等问题,就需要一个更加复杂的材料特性准则来描述。

2. 颗粒间接触特性

在颗粒之间只有摩擦角 ϕ_μ 一个参数来描述它们之间的接触特性。在此我们并不考虑颗粒间的胶结。因此,本书只讨论重塑土的力学特性。

3. 受矿物质成分影响的特性

颗粒的矿物质成分决定土体的特性,尤其对黏土的影响更为显著。此相关性可以用液塑限近似表达。

1.3　颗粒边界条件

颗粒集合体由颗粒及其几何排列而成。在小应力或应变范围内,这些颗粒及其排列只会发生很小程度的几何变化。当材料发生塑性变形时,这些颗粒及其排列才会有较大的变化。

1. 颗粒几何

颗粒几何可以简单的表示为:

(1)颗粒尺寸,即颗粒级配(图 1.2):为了描述颗粒尺寸,我们可以用小于 $80\mu m$ 的颗粒百分比由 F 或者 d_{10} 来表示(其中 d_{10} 为小于某尺寸的颗粒占总重的 10% 的颗粒尺寸);用均匀性系数 $C_u = d_{60}/d_{10}$ 来描述颗粒集合体的分布特性。可以根据颗粒分布曲线或均匀性系数来判断颗粒体是否充分连续。

(2)颗粒形状及表面粗糙度:平整的,有棱角的,或粗糙的。

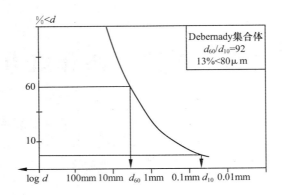

图 1.2 颗粒级配曲线

2. 颗粒的几何排列

如图 1.3 所示,颗粒的几何排列可由颗粒集合体的孔隙比及颗粒接触分布来表达:

(1) 用孔隙比 e 描述各向同性特性,也可用干重度 γ_d 和 γ_d/γ_s 或者 w_{sat}(饱和土含水率)来表示。

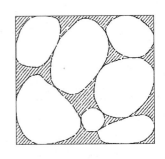

图 1.3 颗粒几何排列图

$$\text{孔隙比 } e = \frac{\text{空隙体积}}{\text{固体体积}} = \frac{V_v}{V_s} = \frac{n}{1-n}$$

$$\text{孔隙率 } n = \frac{\text{空隙体积}}{\text{总体积}} = \frac{V_v}{V}$$

$$\text{干重度 } \gamma_d = \frac{\text{干得量}}{\text{总体积}} = \frac{W_s}{V} = \frac{G_s}{1+e}$$

$$\text{含水量 } w = \frac{\text{水重量}}{\text{干重量}} = \frac{W_w}{W_s}$$

(2) 用颗粒间接触平面的切线方向的统计值来描述各向异性特性。图 1.4 说明了一种沉积土的各向异性特性。

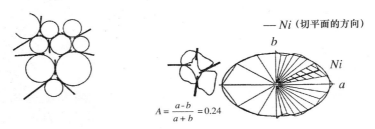

注:A 为各向异性参数

图 1.4 不同沉积方式带来的几何各向异性

[**算例**] 计算两个圆球在力 F 作用下,距离的减小量 w 如图 1.5 所示,按以下 3 个顺序来解决此问题。

由于两球受力之后的接触面积在不断改变,两线弹性球体的力学特性为非线性。

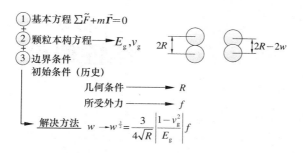

① 基本方程 $\sum \widetilde{F}+m\vec{\Gamma}=0$

② 颗粒本构方程 —→ E_g, v_g

③ 边界条件

　　初始条件（历史）

　　　　　几何条件 ————→ R

　　　　　所受外力 ————→ f

　—→ <u>解决方法</u>　$w \to w^{\frac{3}{2}}=\dfrac{3}{4\sqrt{R}}\left|\dfrac{1-v_g^2}{E_g}\right|f$

图 1.5　计算顺序图

第 2 章　连续性假设

在实际应用中,当土体被理想化为一种连续介质,即虚拟连续介质时,需要确定其应力-应变关系及其参数。这些参数通常由试样或者现场原位测试的力与位移的关系得到。这里,首先要考虑的是相对于颗粒的大小,试验所用的试样在尺寸上是否满足一定的大小,使得实际的力与位移在可接受的范围内能与虚拟连续介质的应力应变联系在一起。本章主要讨论的是如何实现上述假设。

2.1　应力

类似于连续固体材料,土的应力仍被定义为单位面积上的力的大小 $\sigma = F/A$。但考虑到土体颗粒的极限尺寸时,颗粒总是有一定的尺寸大小,所以面积 A 不能趋近于零。因而问题是:相对于颗粒的大小,A 需要多大,才能得到虚拟连续介质应力的近似值?

Gourves (1988)测量了通过圆柱施加给板的合力,表明当板的尺寸减小时,板上合力的离散性则大幅度增加,如图 2.1 所示。为了使平均应力的变异系数小于 10%,需要用直径为 0.2 ~0.5cm 圆柱,板的直径要大于 5cm。若圆柱由三维颗粒来取代,变异系数将更小。反映在实际情况中,试验中的试样尺寸至少为最大颗粒尺寸的 10 倍。

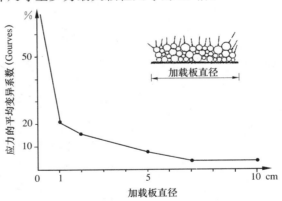

图 2.1　平均应力变异系数与加载板直径大小的关系

2.2　应变

除了满足测量的位移相对颗粒大小应足够长以外,还需进一步考虑其他因素,即除了压缩应变之外,颗粒旋转或颗粒间的滑移也会使得应变增加。

现假设两个颗粒接触点两侧的两个相邻点,通常情况下这两点在运动过程中并不会始终保持相邻。Gourves (1988)将复杂的轨迹描述出来,如图 2.2 所示,虚拟连续介质中的虚拟平均点仍保持彼此相邻,从而可以定义为应变张量。

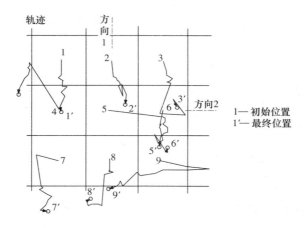

图 2.2　颗粒接触轨迹

2.3　基于球状散粒体特性的连续介质本构关系计算

此本构关系计算可分三步进行：①应用连续介质力学计算两个球状颗粒之间的压缩（图 1.5）；②加入球状颗粒初始排列的几何关系；③推导出此球状散粒体的本构关系。

1. 根据颗粒间力 f 计算平均应力 p'

以一个立方体为例来说明，以连接颗粒球体中心的平面 $ABCD$（图 2.3(a)）为对象可以建立一个方程，其面积大小为 S。如果每个颗粒之间的力为 f。平均压力 p' 可由如下方程得出：

$$\frac{4f}{4} = S \times p' \xrightarrow{S = 4 \cdot R^2} f = 4 \cdot R^2 p' \tag{2.1}$$

散粒体的不同排列方式可以由不同的平面参数来表示。平面的表面积是孔隙比 e（孔隙体积/固体颗粒体积）的函数（表 2.1）。用系数 $G(e)$ 可以表示公式(2.1)的一般表达式：

$$f = G(e) \cdot R^2 \cdot p' \tag{2.2}$$

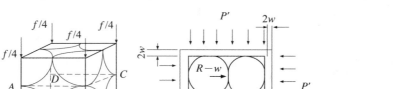
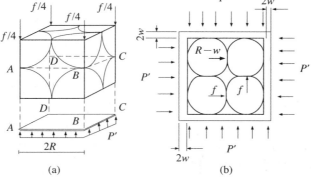

图 2.3　平均应力计算简图

表 2.1		不同类型散粒体的参数		
散粒体类型	四面体	立方体	八面体	十二面体
接触数	4	6	8	12
密度	0.83	1.28	1.67	1.81
孔隙比	1.95	0.91	0.47	0.35
$G(e)$	$16/\sqrt{3}=9.24$	4	$4/\sqrt{3}=2.31$	$\sqrt{2}=1.41$

2. 在平均应力 p' 下，由 $G(e)$ 定义排列方式的两个球体之间相互作用的计算

两颗粒间的压缩大小的计算公式为：

$$w^{\frac{3}{2}} = \frac{3(1-\nu_g^2)}{4\sqrt{R} \cdot E_g} \cdot f \tag{2.3}$$

代入 $f = G(e)R^2 p'$ 得到：

$$w^{\frac{3}{2}} = \frac{3}{4} \cdot R^{\frac{3}{2}} \frac{(1-\nu_g^2)}{E_g} \cdot G(e) \cdot p' \tag{2.4}$$

3. 连续介质的变形要求应变 $\varepsilon = w/R$

前面的公式可写成：

$$\frac{p'}{\varepsilon^{\frac{1}{2}}} = \frac{p'}{(w/R)^{\frac{3}{2}}} = \frac{4E_g}{3(1-\nu_g^2) \cdot G(e)} = \zeta \tag{2.5}$$

其中，ζ 是"半立方"非线性弹性模量。

至此，我们已经完成了上述三个步骤中的第一步。

之前的表达式描述了 p' 与由 Hertz 半立方非线性弹性模量定义的应变 $\varepsilon (=w/R)$ 之间的关系。在实际情况中，用力的立方根函数来表示各向同性弹性模量更为简便：

$$E_{iso} = \frac{\Delta p'}{\Delta \varepsilon} = \frac{3}{2} \cdot \zeta^{\frac{2}{3}} p'^{\frac{1}{3}} \tag{2.6}$$

或

$$E_{iso} = \frac{3}{2} \cdot \alpha \cdot p'^n, \quad \text{其中} \quad \alpha = \left[\frac{4E_g}{3(1-\nu_g^2) \cdot G(e)}\right]^{\frac{2}{3}} \quad \text{且} \quad n = \frac{1}{3} \tag{2.7}$$

若 ν 代表连续介质的泊松比，可得到杨氏模量 $E = E_{iso}(1-2\nu)$，并可以将其与 Kondner 和 Duncan 用于确定非线性弹性模量的方程相比：

$$E = K p_a \left(\frac{\sigma_3'}{p_a}\right)^n \tag{2.8}$$

举这个简单的例子是为了说明一种方法，给出了一种分析颗粒性质与虚拟连续介质特性之间联系的框架。此分析有助于今后这一领域的发展，促进本构在计算科学上的进步（图 2.4）。

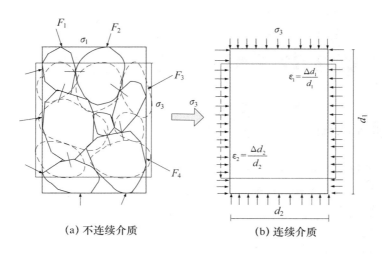

（a）不连续介质   （b）连续介质

图 2.4 颗粒集合体到虚拟连续介质

2.4 理想连续介质的特性

  土的力学特性可以用时间函数表示成在应力和应变空间里不同路径之间的关系。我们希望通过试验来重现工程建设以及工后使用过程中的不同位置土体的荷载路径。

  由于试验仪器的限制，试验中所实现的路径要比实际情况中的简单，比如在传统试验中大量使用的轴对称路径，即 $\sigma_2' = \sigma_3' =$ 常数。下面两种试验都属于这种类型：①等向固结排水剪切试验（CIDC），即在试验的初始阶段等向压缩试样 $\sigma_1' = \sigma_2' = \sigma_3'$，然后以恒定的轴向应变率来施加轴向应力；②非等向固结排水试验（CADC），即试验除了在初始压缩阶段是各向异性（即 σ_1' 与 σ_2' 和 σ_3' 不相等）以外，其余均与等向固结排水试验相同。

  土的力学特性的表达需要采用多组试验数据，这些数据可以反映不同应力路径的特性。这样得到的结果综合起来，具有土的本构关系的代表性。我们建议，尽量在试验过程中使用以下简单路径来表达颗粒材料的力学特性：①等向应力路径；②恒定应力比 σ_1'/σ_2' 路径；③三轴排水试验路径（压缩阶段 $\sigma_2' = \sigma_3' =$ 常数）；④恒定平均应力路径（$p' =$ 常数）；⑤恒定体应变路径（$e =$ 常数）；⑥固结应力路径（$\varepsilon_2 = \varepsilon_3 = 0$）。

第 3 章　恒应力比压缩特性

3.1　各向同性压缩

从 Hertz 的计算可以看出各向同性压缩($\sigma'_1 = \sigma'_2 = \sigma'_3 = p'$)是非线性的。经验证,此观点统一了各向同性压缩的两种不同的特征:超固结区($p' < p'_{ic}$)的非线性弹性特性(图 3.1),以及正常固结区($p' > p'_{ic}$)的非线性塑性特性。

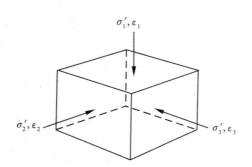

(a) 高岭土各向同性试验 (Ladd-Zervoyannis)

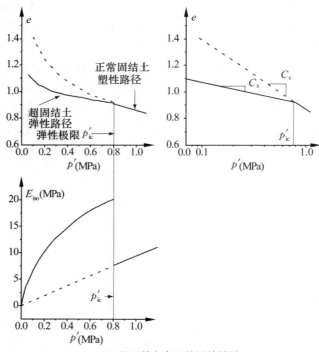

(b) 超固结各向同性压缩结果

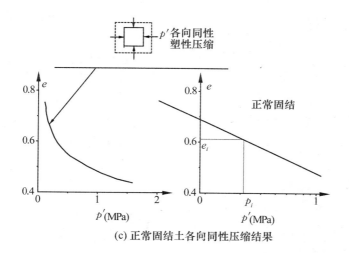

(c) 正常固结土各向同性压缩结果

图 3.1　高岭土各向同性压缩试验结果

1. 弹性特性

准弹性的极限压力 p'_{ic} 称为先期固结压力,对应于土样颗粒未发生破坏,而在应力历史上承受的最大压力。通常适用于细颗粒黏土和超大孔隙比的砂土。

依照 Hertz 理论,颗粒状介质的弹性特性是非线性的,但是对于常孔隙比,压力的指数 n 约为 $1/2$;对于排列有序的圆球,n 约为 $1/3$。如在本书第 2 章中给出的公式:

$$E = \alpha \cdot p'^{n} \tag{3.1}$$

由于等式的量纲必须一致,所以 α 的量纲应该是应力的 $(1-n)$ 次方。根据 Hertz 理论,α 与材料颗粒的模量有关。颗粒的排列由 $G(e)$ 来量测,其与材料的堆积密度相关,同样影响 α 的值。

对于卸载和再加载,各向同性特性常用 $e\text{-}\log p'$ 图中的斜率 C_s(或在 $e\text{-}\ln p'$ 图中的斜率 κ)来表述。黏土在经受大的各向同性塑性压缩后,卸载回弹和再压缩时会表现出显著的各向同性弹性特性。

2. 塑性特性

塑性特性可用 $e\text{-}\log p'$ 图中对于应力 $10^4\,\mathrm{Pa}$ 到 $10^6\,\mathrm{Pa}$ 范围内的直线表示,这个范围的应力也是土木工程中常遇到的应力。可由 C_c(体积压缩指数)和点 (e_i, p'_i) 来进行定义,

$$e = e_i - C_c \log\left(\frac{p'}{p'_i}\right) \tag{3.2}$$

$$E_{iso} = 2.3\,\frac{(1+e)}{C_c}p' \tag{3.3}$$

在应力非常小的沉积土层的表面 10cm 范围内,e 大约等于 $2w_L \sim 3w_L$(w_L 为液限,将在本书第 7 章中详述)。在土层深度达到 1m 时,$w = w_L$(图 3.2)。

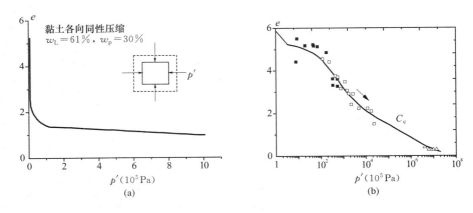

图 3.2 重塑黏土从泥浆开始的各向同性压缩

3.2 各向异性压缩

在等应力比 $\sigma_3'/\sigma_1'=k\neq1$ 或 $\eta=q'/p'=3(1-k)/(1+2k)$ 应力路径下的各向异性压缩与各向同性应力压缩下观察到的特性类似,正常固结特性同样可以由 $e\text{-}\log p'$ 图中的斜率为 C_c 的直线表示(图 3.3)。

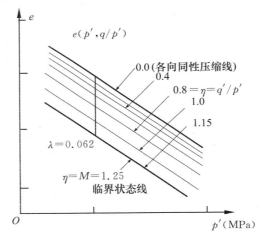

图 3.3 各向异性压缩试验结果

一个特例是在正常固结土的固结试验路径($\varepsilon_2=\varepsilon_3=0$)下,土样表现出的特性与 $\sigma_3'/\sigma_1'=K_0\approx\sin\phi$ 等应力比应力路径下的很接近。这重现了细颗粒沉积土的沉积应力路径及压缩过程。

依据土颗粒的力学性质以及它们之间的相互作用,土或多或少是可压缩的。黏土的压缩性随着矿物颗粒成分从高岭石到蒙脱石的含量变化而变化。天然土是这些不同矿物成分的混合物,可以依据液塑限来区分出这些矿物成分。例如,压缩性可以用 C_c 来表示,在 $w=w_L,\sigma_{vc}'=7\text{kPa}$ 和 $w=w_p,\sigma_{vc}'=1\text{MPa}$ 之间,根据大量黏土压缩试验的统计,可以用公式 $C_c=0.009(w_L-13)$ 来获得土体的压缩指数。

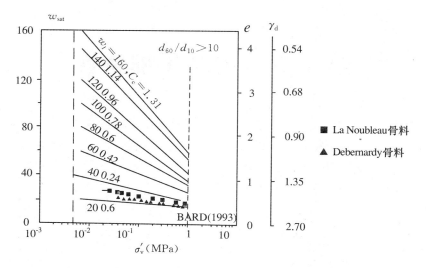

图 3.4 压缩曲线和液塑限的关系

第 4 章　固结压缩特性

固结压缩试验的应变特点为 $\varepsilon_2=\varepsilon_3=0$。圆柱土样在压缩过程中的应力 $\sigma_1'=\sigma_v'$ 与应变 $\varepsilon_1(\sigma_v')$ 或孔隙比 $e(\sigma_v')$ 有关(图 4.1)。其关系可分为两个阶段:第一阶段即加载至前期固结压力 σ_{vc}',第二阶段则是荷载超过先期固结压力部分。第一阶段的变形是可逆的,而第二阶段只有小部分应变可恢复。σ_{vc}' 对应固结张量 $\boldsymbol{\sigma}_c'$,在 $q\text{-}p'$ 空间中对应为弹性界限或屈服面(详见本书第 4.2 小节)。

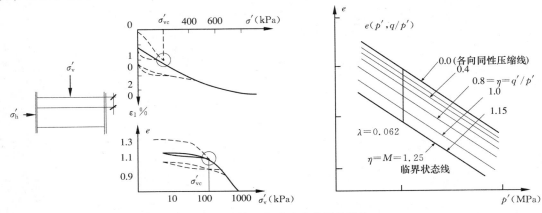

图 4.1　固结压缩试验示意图及特性

4.1　正常固结压缩特性

若压缩固结过程中在土样侧面测得 $\sigma_2'=\sigma_3'=\sigma_h'$,可得到:

$$\frac{\sigma_h'}{\sigma_v'}=\frac{\sigma_2'}{\sigma_1'}=\frac{\sigma_3'}{\sigma_1'}=K_0 \tag{4.1}$$

其中,K_0(约等于 $1-\sin\phi_{pp}'$)在实际中保持恒定(图 4.2)。因此,相对应的 q/p' 也保持恒定,即:

$$\left(\frac{q}{p'}\right)=3\left(\frac{1-K_0}{1+2K_0}\right) \tag{4.2}$$

因此,正常固结土的侧限压缩可以用 $e\text{-}q\text{-}p'$ 空间中恒定 q/p' 面与正常固结土的屈服面交线来表示。这个平面通过 e 轴。若将 p' 换成 $\log p'$,此线为直线。其在 $e\text{-}\log p'$ 平面上的投影平行于斜率为 C_c 的各向同性压缩线或临界状态线。

4.2　超固结压缩特性

如图 4.2 所示,在卸载过程中 σ_v' 的值从张量 $\boldsymbol{\sigma}_c$(点 A)开始稍有减小,直至点 E,两者之间呈相对线性关系。这条直线在半对数空间中的斜率为 $C_s=\Delta e/\Delta\log\sigma_v'$ 或 $\kappa=\Delta e/\Delta\ln\sigma_v'$。

我们可以将应力空间中 $\boldsymbol{\sigma}_c$(点 A)和点 E 的连线以及这两点与原点的连线为边界围成的

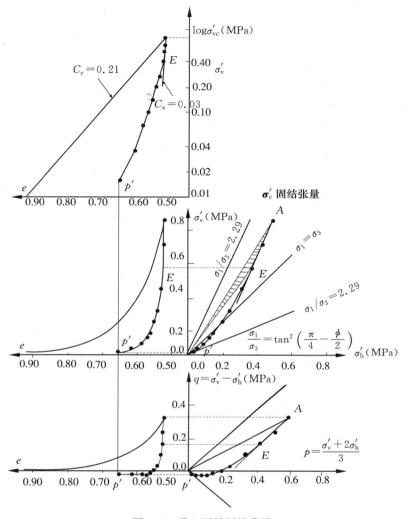

图 4.2　黏土固结压缩曲线

区域定义为准弹性区域,如图 4.2 阴影部分所示。若卸载持续进行,其可逆性将减弱。

　　在 $\sigma'_v - \sigma'_h$ 或 $q - p'$ 应力空间中,卸载应力路径通过 $\sigma'_1 = \sigma'_2 = \sigma'_3$。因此接下来试样所受水平荷载 $\sigma'_2 = \sigma'_3 = \sigma'_h$ 比竖向荷载 σ'_v 大。很可能在曲线上的点 P' 达到理想塑性状态:

$$\frac{\sigma'_v}{\sigma'_h} = \frac{\sigma'_1}{\sigma'_3} = \tan\left(\frac{\pi}{4} + \frac{\phi'}{2}\right) \tag{4.3}$$

如图 4.2 可知,对于黏土,其值为 1/2.29。

　　塑性卸载时常常发生开裂现象,在原位试验中也观察到了相同的机理。若超固结比极高,甚至能在黏土中观察到埋深 10m 范围内的裂隙。如果把岩石看做超固结比非常高的材料,可以解释岩石表面竖向应力比较小而水平应力比较大,所以裂缝与竖向应力正交,岩石中便可出现水平裂隙。

4.3　沉降计算

　　可以利用参数 C_c 或 C_s 来建立一个能计算地基沉降的简单公式,也可使用固结切线模量来建立：

$$E'_{\text{oed}} = \frac{\Delta \sigma'_{\text{v}}}{\Delta \varepsilon'_{\text{v}}} = f(\Delta \sigma'_{\text{v}}) \tag{4.4}$$

对于正常固结土来说（图 4.3），当孔隙比变化不大时其关系基本呈线性，因此：

$$E'_{\text{oed}} = 2.3 \sigma'_{\text{vc}} \frac{1+e}{C_{\text{c}}} \tag{4.5}$$

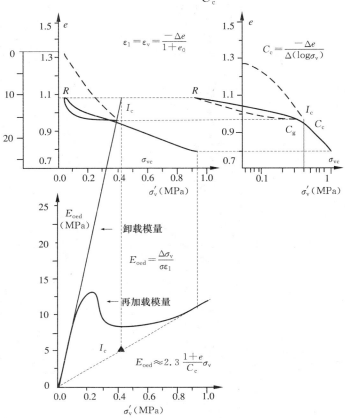

图 4.3   Caillat 黏土固结模量的计算（$w_{\text{L}} = 58\%$, $l_{\text{P}} = 29\%$）

对于固结度比较大（$OCR > 10$）的土体，根据 $E'_{\text{oed}} = \alpha p'^n$ 可知，模量随 p' 的增大而增大。当超固结比随着固结路径减小时，模量持续增大直到 OCR 降至 2，然后当 OCR 从 2 减小到 1 的过程中，模量减小，当 $OCR = 1$ 之后，模量再次增大。因此，超固结状态和正常固结状态的固结模量略有差别。

4.4   砂土的固结特性

在颗粒不破碎的情况下，很难通过固结试验来测得正常固结砂土的压缩特性。

图 4.4 为砂土稍微湿润后置于孔隙比大于 e_{max}（即处于标准最小密度）然后固结压缩的试验结果，与三轴各向同性压缩试验和临界状态试验所得结果类似。除可以用水湿润砂土之外，我们还能使用其他更加黏稠的液体，例如油脂。

对于正常密度的砂来说，我们首先观察到的是没有发生颗粒破碎的超固结状态，之后随着破碎的发生，孔隙比减小，从而导致曲线斜率更大。

将获得黏土特性所使用的方法用于砂土中，可将正常固结曲线延长至原位测试对应的孔隙比，即可定义参考固结压力 p'_{ic}（图 4.4）。

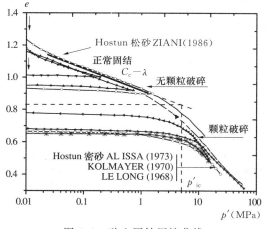

图 4.4　砂土固结压缩曲线

4.5　"可变形"圆柱

我们先将一个试样放入葡式击实模具中，此模具是由垂直切成的两个半圆筒组成，模具由弹簧绑在一起并允许一定的横向应变（图 4.5（a））。在竖向压缩过程中可以测得其横向应力和应变。这个过程可以让我们获得更多真实的应力路径，比如地基下的路径。还可以通过应变来得到各材料的摩擦角近似值（图 4.5（b）），如大坝下的压实材料，或者因颗粒过大而不能放入常规三轴试验仪压力室的材料。

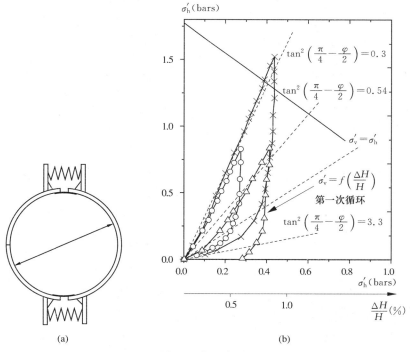

（a）　　　　　　　　（b）

图 4.5　可变形圆筒示意图及压缩曲线

第 5 章 正常固结土剪切特性

5.1 正常固结土路径

我们在之前的章节中可以看到在超过先期固结压力 p'_{ic} 后,可以得到应力路径为 $\sigma'_3/\sigma'_1 = K_0$ 的正常固结土压缩特性。给土体施加单调增加的应力路径,之后会看到上述路径独立于先前的应变历史。这些路径落在 e-p'-q' 空间上,可以用颗粒特性相关的参数来定义:ϕ_{cs} 或者 M,C_c 或者 λ,C_d 或者 λ_d 和一个特殊点 e_{cs} 或 $\Gamma(p_\Gamma)$。对细粒土来说,这些参数和土的液塑性有一定的联系。

5.2 常规三轴排水路径

试验从等向固结应力状态开始,例如 $\sigma'_1 = \sigma'_2 = \sigma'_3$,用图 5.1 主应力空间对角线上的点 I 表示。围压 $\sigma'_2 = \sigma'_3$ 保持恒定,在一个恒定的轴向应变速率(这个速率要足够慢以保证土体在压缩过程中可以充分排水,不产生超孔隙水压力)下进行压缩剪切,然后增加 σ'_1 的值直至其不会随着 ε_1 的增加而改变,也就是我们通常所指的临界状态,相对应的孔隙比称为临界孔隙比。

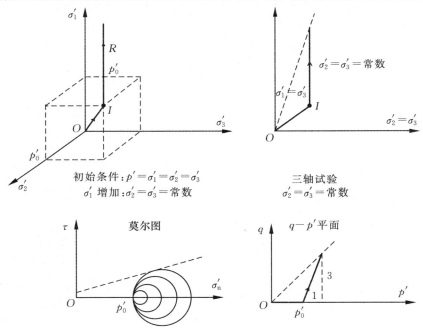

图 5.1 不同坐标下常规三轴排水路径

在莫尔理论中是用通过 σ'_3 的应力圆来表示三轴条件下的应力状态的,在到达临界状态过程中,这个圆在尺寸上不断增大直至最大值。对于不同的围压状态可以得到不同的最大值。

库伦假说假设在莫尔平面上临界状态莫尔圆的包线是一条直线,例如

$$\tau = c' + \sigma'_n \tan\phi' \qquad (5.1)$$

在坐标轴上的截距是黏聚力 c'，直线的倾角 ϕ' 是土的内摩擦角。在主应力空间可以表示为：

$$\sigma'_1 = \sigma'_3 \tan^2\left(\frac{\pi}{4} + \frac{\phi'}{2}\right) + 2c'\tan\left(\frac{\pi}{4} + \frac{\phi'}{2}\right) \qquad (5.2)$$

莫尔的表示方法经常被用来补充研究应力和应变空间下的路径问题（图 5.2）。

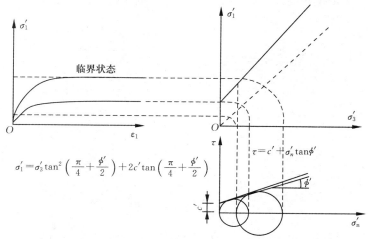

图 5.2 莫尔方法表示应力-应变空间下的路径

在 q-p' 平面内还可以用 $q = Mp'$ 来表示临界状态，其中 $p' = (\sigma'_1 + \sigma'_2 + \sigma'_3)/3$ 表示平均有效应力，$q = \sigma'_1 - \sigma'_3$ 是偏应力（图 5.3）。

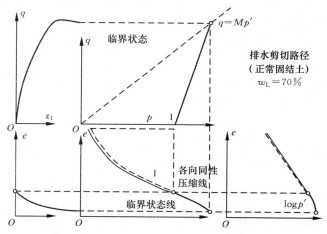

图 5.3 正常固结排水剪切路径

对于三维应力状态下 (b_σ) 的应力路径，我们用以下表达式替代经典第二主应力不变量：

$$q = \sqrt{\frac{1}{2}\left[(\sigma'_1 - \sigma'_2)^2 + (\sigma'_2 - \sigma'_3)^2 + (\sigma'_3 - \sigma'_1)^2\right]} \qquad (5.3)$$

q 与主应力空间内应力的点 $(\sigma'_1, \sigma'_2, \sigma'_3)$ 到空间对角线的垂直距离成比例。当 $\sigma'_2 = \sigma'_3$ 时，$q' = \sigma'_1 - \sigma'_3$。

在 q-p' 平面内用一斜率为 3：1 的直线来表示正常固结土的压缩排水剪切路径（图 5.3 和图 5.4）。沿着此路径的体积变化用孔隙比表示，孔隙比会随着应变 ε_1 的增加而趋向一恒定值，此时也就达到了临界状态，也就是体积应变不会进一步的变化。

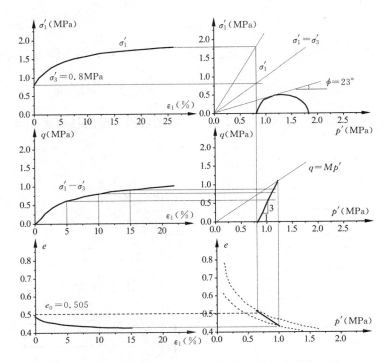

图 5.4　不同坐标下的正常固结土的三轴排水剪切路径

在 $e\text{-}\log p'$ 图上用一斜率为 $C_c = 2.3\lambda$ 且平行于正常固结土的各向同性压缩线的直线表示临界状态，并且通过点 $e = \Gamma$（对参考平均应力 p_Γ 来说）或者 $e = e_{cs}$（对参考平均应力 p'_{cs} 来说）。

我们发现在 $q\text{-}p'$ 平面内相等应变的应力状态连线是从原点出发的直线（图 5.5），也就是说 $q/p'\text{-}\varepsilon_1$ 关系与平均压力不相关。

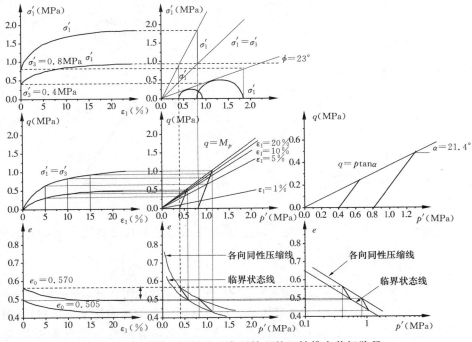

图 5.5　不同坐标下的正常固结土的三轴排水剪切路径

$q/p'\varepsilon_1$关系与 $\Delta e-\varepsilon_1$ 关系是相似的,与固结压力 p'_{ic}(图 5.6)也没有关系。如果试样内部的变形始终保持着均质状态,那么就达到了临界状态。另外,正常固结重塑黏土的黏聚力为零。

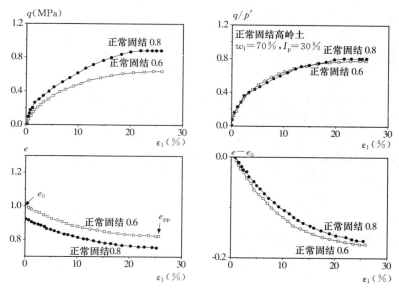

图 5.6　正常固结土的三轴排水剪切归一化特性

$e\text{-}\log p'$ 图表明各向同性压缩路径、固结仪压缩路径以及临界状态路径都有相同的斜率 C_c,可以总结出任何应力比 q/p' 都有上述相同的规律。

最后在图 5.7 给出了归一化后的各参数之间的关系图解,5 个图之间相互都有联系,可以帮助我们来分析试验的结果。

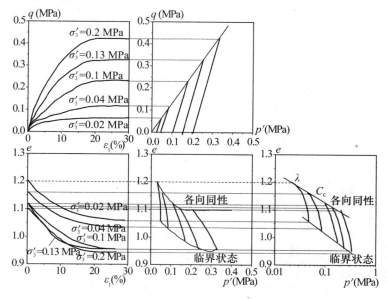

注:$w\approx5.57\%$,$H/2R=2.2$,$\gamma_d=1.2$,$e=1.2$,$e_{max}=0.84$,$e_{min}=0.62$

图 5.7　松砂三轴排水剪切路径

上述试验结果可以很容易地从黏土试验中得到,但是对砂土却很困难,因为在实际中不可能取到正常固结的干砂土。如果我们用轻微潮湿的砂土制取孔隙比足够大的试样,可认为是正常固结砂土(图 5.7)。上述条件下的土的压缩指数 C_c(0.1-0.2)和那些低液塑性的细粒土的 C_c 是一致的。

5.3 三轴偏应力路径

主应力空间的偏应力路径和平均应力路径(p'=常数,即 $\Delta\sigma_1' + \Delta\sigma_2' + \Delta\sigma_3' = 0$)是正交的。在颗粒材料的压缩过程中发现了一典型的现象,即偏应力可以引起材料的体积变化。在 e-ε_1 关系(图 5.8)和图 5.9—图 5.11 中 e-q' 和 e-η($\eta=q'/p'$)的关系可以看到上述现象。对于正常固结土来说,体积变化量随着孔隙的缩小是减小的,可以用偏应力压缩指数 C_d 来描述。其中,C_d 是 e-$\log(1+\eta^2/M^2)$ 图上直线的斜率,M 为临界状态时的应力比。

$$e = e_0 - C_d \log\left(1 + \frac{\eta^2}{M^2}\right) \tag{5.4}$$

把以 10 为底的对数换成自然对数,上述公式就类似于 Roscoe,Schofield 和 Worth 在 1958 年提出的公式。

$$e = e_0 - \lambda_d \ln\left(1 + \frac{\eta^2}{M^2}\right) \tag{5.5}$$

这里 $\lambda_d = (\lambda - \lambda_p)$,其中 κ_p 不同于 κ,且 $C_d = 2.3(\lambda - \lambda_p) = 2.3\lambda_d$。式(5.5)表明体积的变化仅仅依赖于应力比 η。

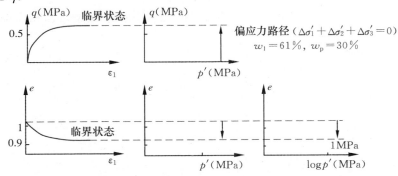

图 5.8　正常固结黏土三轴偏应力路径分析

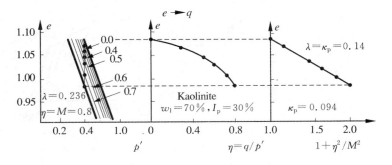

图 5.9　正常固结高岭土三轴偏应力路径分析

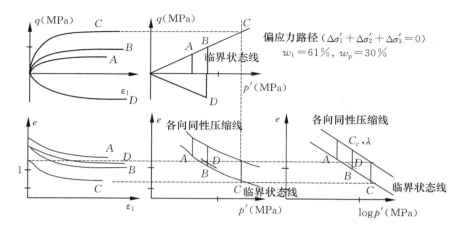

图 5.10 正常固结黏土三轴偏应力路径分析

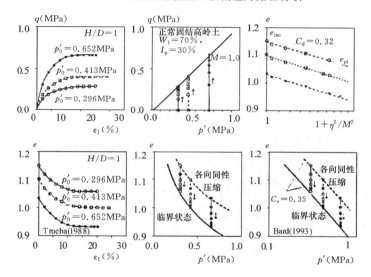

图 5.11 黏土与松砂三轴偏应力路径比较

从砂土的试验结果可以看出：类似于从黏土试验中观察到的剪缩也可以从砂土和大孔隙比的细骨料的试验中获得。

如果应变超过某一特定值后，体积应变就保持不变，孔隙比也一样，即达到了临界状态。

临界状态可以在以下两个平面上进行描述。

(1) 在 q-p' 平面上的的临界状态线，按照库伦定律：

$$q = Mp' \tag{5.6}$$

其中，M 对应于临界状态时的土的内摩擦角：

$$\sin\phi'_{cs} = \frac{3M}{6+M} \tag{5.7}$$

(2) 在 e-$\log p'$ 平面上的临界状态线：

斜率为 C_c 或 λ 的 e_{cs}（e_{cs} 为临界孔隙比）线大约通过两个特征点：①对于黏土（$w=w_L$，$p'=$ 3kPa）与（$w=w_p$，$p'=500$kPa）；②对于松砂（$e=e_{max}$，$p'=0.1$MPa）与（$e=e_{min}$，$p'=5$MPa）。其中，w_L，w_p，e_{max} 和 e_{min} 都是标准化参数。

5.4 正常固结土的特征面

在 $e\text{-}p'\text{-}q$ 空间上,对于 $\sigma_2' = \sigma_3'$ 的所有正常固结土的应力路径都落在同一面上(Roscoe, Schofield & Worth 1958)(图 5.12),可表示为:

$$e = e_{cs} - \lambda \cdot \ln \frac{p'}{p_{cs}} + \lambda_d \ln \left(\frac{2}{1 + \frac{\eta^2}{M^2}} \right) \tag{5.8}$$

在 $e\text{-}\log p'$ 平面内(图 5.13),不同应力比 η 下的固结路径都是斜率为 C_c 或 λ 的平行直线,例如:

(1) 各向同性压缩路径 $\eta = 0$。

(2) 侧限或固结压缩路径 $\eta = 3(1 - K_0)/(1 + 2K_0)$。

(3) 临界状态路径 $\eta = M$。

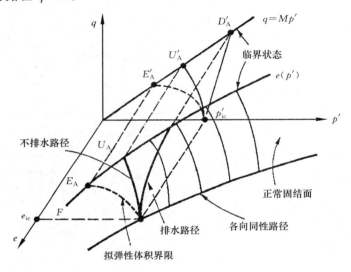

图 5.12 正常固结土在 $e\text{-}p'\text{-}q$ 空间上的应力路径

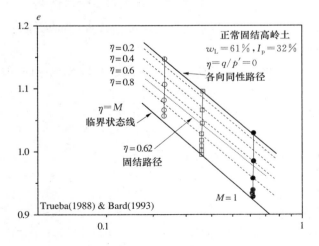

图 5.13 不同应力比的压缩和剪切路径

5.5 体积恒定路径

常体积试验实际就是饱和不排水试验,因此应力路径也叫做不排水路径。由于不排水抑制了孔隙的减小,所以可以观察到连续增大的孔隙水压力。

就有效应力而言,即 $\sigma' = \sigma - u$,不排水路径和排水路径一样都结束于临界状态 $q = Mp'$(图 5.15)。

$$e_{cs} = \Gamma - \lambda \ln \frac{p'_{cs}}{p'_\Gamma} \tag{5.9}$$

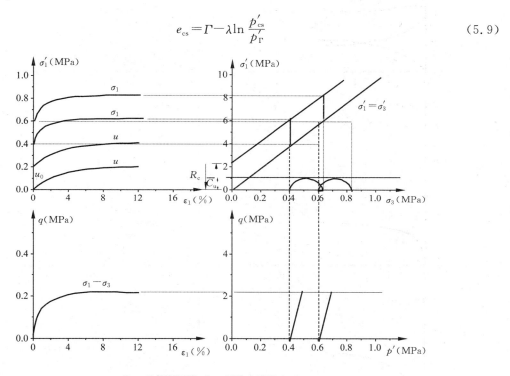

R_c—无侧限压缩,C_u—不排水黏聚力;$\phi_u = 0$

图 5.14　正常固结土三轴不排水路径

就总应力而言,可以从莫尔-库伦图上定义不排水黏聚力和零摩擦角(图 5.14)。

对于 $e =$ 常量,$q = Mp'$,基于 e-p'-q 空间上的正常固结土路径的公式,可给出不排水黏聚力的表达式:

$$c_u = \frac{Mp_{ic}}{2(1+\Lambda)} \tag{5.10}$$

式中,$\Lambda = \dfrac{\lambda - \kappa_p}{\lambda}$。

正常固结土的不排水应力路径的曲线在几何形状上都是相似的。曲线的大小和等向固结压力是成比例的。q/p'-ε_1 关系曲线不随固结压力而变化。事实上,归一化行为仅对一定范围内的固结压力是有效的。众多文献中的试验描述很少会有超过 1MPa 固结压力,因为这个压力已经涵盖了大部分土木工程问题。另一方面,如果试验在比较大的固结压力范围内进行,就会得到固结压力对不排水剪切特性的影响。

首先要说明的是 C_c 的减小将导致材料在各向同性路径和侧限压缩路径下变得越来越不

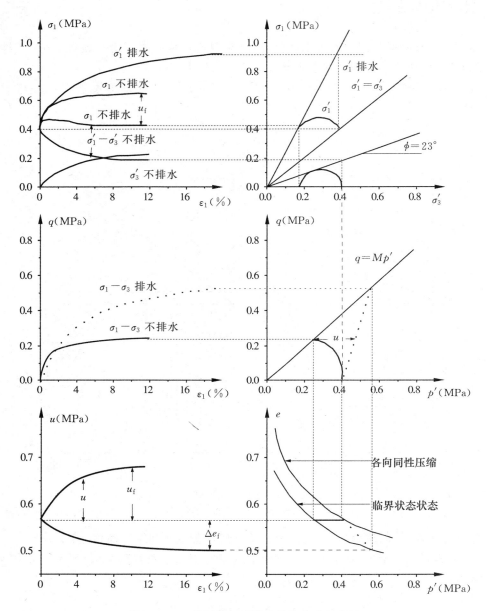

图 5.15　正常固结土不排水黏聚力路径分析

可压缩。其次,由 Naskos 所做的一系列不排水试验表明,当固结压力在 0～12MPa 范围内时,可以看到土体特性的固结压力相关特性。在图 5.16 中可以看出在轴向应变相等下的应力路径曲线的斜率随着固结压力 p'_{ic} 的增大而减小。大变形情况下将导致应力比 q/p' 的减小,进而导致 M 的减小,也就是说临界状态状态下的土体摩擦角 ϕ'_{cs} 的减小。

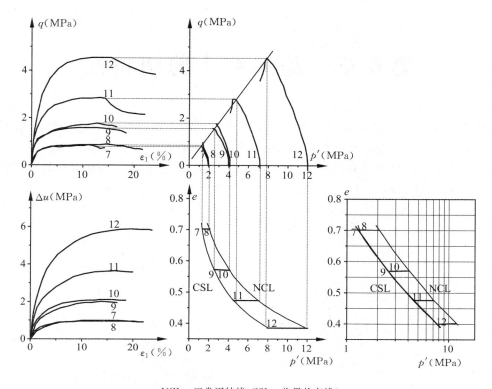

NCL—正常固结线,CSL—临界状态线

图 5.16　高应力下正常固结高岭土三轴不排水剪切路径

第 6 章　超固结土剪切特性

土样先承受等向压缩直到 p_{ic}，之后再卸载到 p_i'（图 6.1），则 p_{ic}/p_i 的值称为超固结比（OCR）。常规的三轴压缩剪切试验是在三轴应力路径上保持 $\sigma_2' = \sigma_3' = $ 常数，增加 σ_1'。

图 6.2 中的 q-ε_1 关系曲线的峰值对应着土样发生了剪胀，剪胀作用随着初始土样容重以及固结压力 p_{ic}' 的增大而增加。

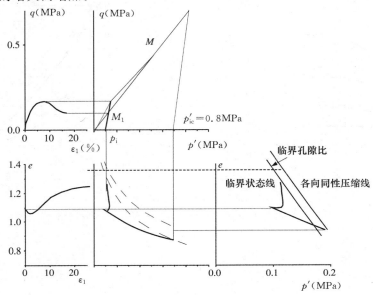

图 6.1　超固结土三轴排水剪切应力路径

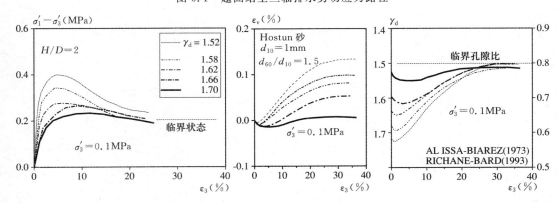

图 6.2　密砂三轴排水剪切应力路径

6.1　应力剪胀关系

本节仅回顾 Rowe 在 1962 年的特殊试验发现，即三轴试验的结果可以近似的表示为

$\sigma'_1/\sigma'_2-(1-\mathrm{d}\varepsilon_v/\mathrm{d}\varepsilon_1)$ 的线性关系,与初始孔隙比无关。如果直线的斜率可以写成 $\tan^2(\pi/4+\phi'/2)$,那么 ϕ' 就接近临界状态摩擦角 ϕ'_{cs}。ϕ' 也很接近材料颗粒的摩擦角 ϕ'_u,但是需要另外考虑颗粒的形状(表面粗糙等)。这个结论适用于相对各向同性排列的粒状材料。Rowe 应力剪胀法则可表达如下:

$$\frac{\sigma'_1}{\sigma'_3}=\tan^2\left(\frac{\pi}{4}+\frac{\phi'_{cs}}{2}\right)\left(1-\frac{\mathrm{d}\varepsilon_v}{\mathrm{d}\varepsilon_1}\right) \tag{6.1}$$

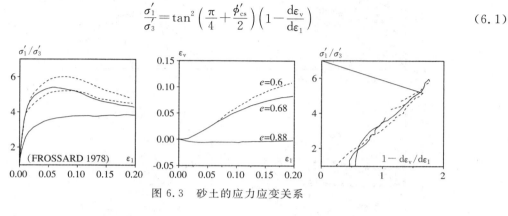

图 6.3　砂土的应力应变关系

6.2　拟弹性体积屈服面

1. 超固结比小于 2

对于 $p_{ic}/p_i<2$ 的黏土,三轴应力路径 e-p' 首先沿着各向同性弹性压缩应力路径 S_1E_1,然后很明显地沿着正常固结路径,最后到达临界状态线和临界状态点 G。在图 6.4 中 p_{ic} 为 0.8MPa,三轴试验的围压为 $\sigma'_3=0.4$MPa。对不同 σ'_3 的值(图 6.5),拟弹性体积特性都开始于 A 点(p'_{ic}),之后通过 E_1 点,最后到达 M 线。

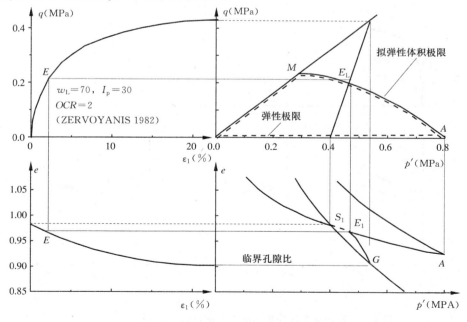

图 6.4　黏土拟弹性屈服点的确定

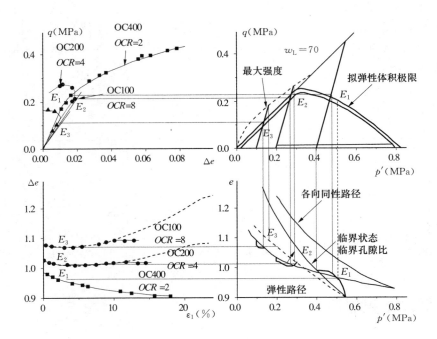

图 6.5 黏土拟弹性屈服面的确定

砂土的试验也可以得出类似的结果(图 6.6—图 6.8)。不过,当应力过大时砂土颗粒会破碎。另外,对于砂土需要假定先期固结压力。

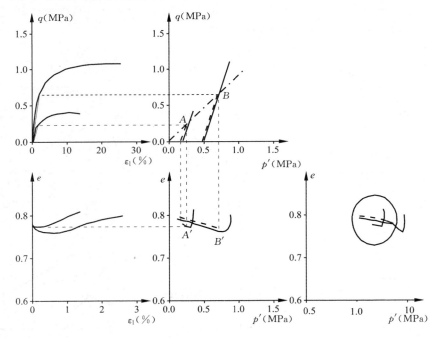

图 6.6 砂土拟弹性体积屈服的确定(Hostum 砂,$d_{10}=0.64$)

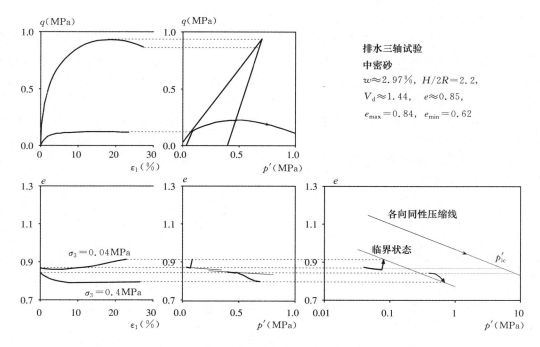

排水三轴试验
中密砂
$w \approx 2.97\%$, $H/2R = 2.2$,
$V_d \approx 1.44$, $e \approx 0.85$,
$e_{max} = 0.84$, $e_{min} = 0.62$

图 6.7 砂土拟弹性体积屈服的确定

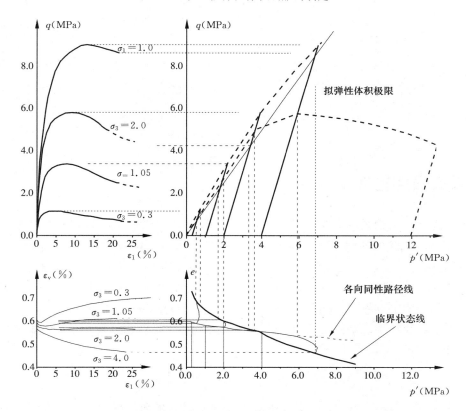

图 6.8 砂土拟弹性体积屈服的确定

2. 超固结比大于 2

对于 $p_{ic}/p_i>2$ 的黏土,拟弹性体积屈服在路径 $e\text{-}p'$ 上沿着近乎相同的路径直到 E_2 或 E_3 (图 6.5),然后土发生剪胀直至应力点达到塑性状态。E_2 和 E_3 点表明对于超固结比大于 2 拟弹性体积屈服面在 $q\text{-}p'$ 坐标中与 M 线很接近。在砂土中也有类似的试验结果。图 6.6 中 B 点表示体积拟弹性屈服点。

一般来说,土是各向异性的。拟弹性体积屈服面(图 6.6)依赖于固结应力张量 σ'_c(A 点)和卸载路径 AB(Parry & Nadarajah 1973)。另外,一些天然黏土会表现出不同的特性,如就颗粒间的胶结和各向异性而言,拟弹性体积极限很接近最大抵抗力包络线,这样就会导致 Leroueil-Tavenas 类型曲线。

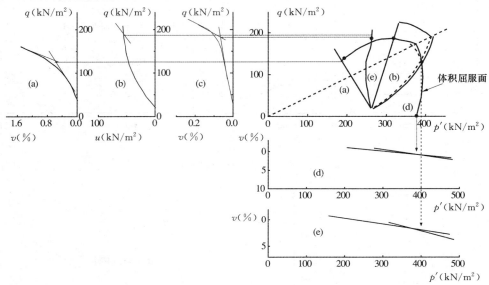

图 6.9　体积屈服面的各向异性

6.3　最大强度包络线

对于超固结比大于 2 的土样,在 $q\text{-}p'$ 应力面中最大强度包络线在斜率为 M 的直线之上。

对于黏土,可以假设最大强度包络线随着 p' 减小沿着斜率为 m 的直线而偏离直线 M(图 6.10)。我们认为当黏聚力 $c=0$ 时,两直线会在应力零点重合。对于原位土,通过比较发现由于颗粒间的胶结,曲线有一个截距 c'。对于砂土,强度包络线通过原点定义了一个峰值摩擦角 ϕ',ϕ' 随着平均应力 p' 的增大而减小(图 6.11—图 6.13)(De Beer,1965)。

根据大量试验结果总结出下式:对于应力一定的土样,峰值摩擦角 ϕ' 随着初始孔隙比的减小而增加,即

$$e\tan\phi'=e_{cs}\tan\phi'=常数 \tag{6.2}$$

对于砂土,常在包络线上应力 p' 点作切线来定义摩擦角和黏聚力截距。黏土的三轴试验结果可以 $q/p'_e-p'/p'_e$ 为坐标轴得到归一化形式,p'_e 是与超固结试样孔隙比相同的试样的各向同性正常固结压力。

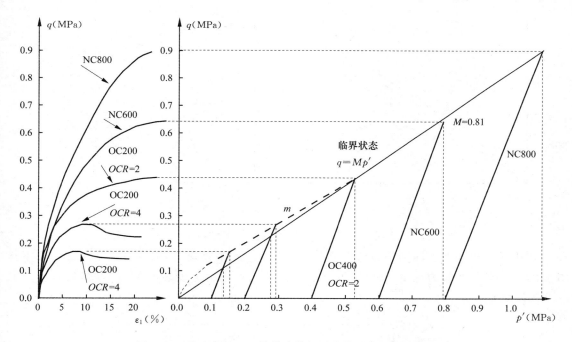

图 6.10 基于高岭土三轴排水剪切试验的最大强度包络线

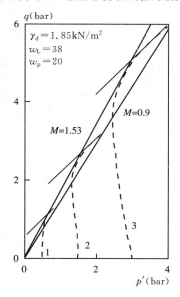

图 6.11 砂土密实度和强度的关系

所有排水与不排水的三轴试验最终都会达到破坏包络线，Hvorslev 定义了以下关系：

$$\frac{\tau}{\sigma'_e}=K+\frac{\sigma'}{\sigma'_e}\tan\phi'_e \tag{6.3}$$

Hvorslev 破坏包络线也可写为：

$$\frac{q'}{p'_e}=A+m\frac{p'}{p'_e} \quad (A=K\frac{6\cos\phi'_e}{3-\sin'_e},\ \sin\phi'=\frac{3m}{6+m}) \tag{6.4}$$

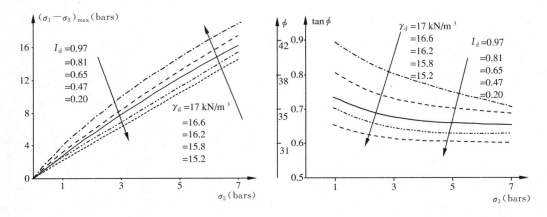

图 6.12　Hostum 砂密实度和强度的关系

以上关系也表明了固结压力与黏聚力的相关性。这个黏聚力是虚拟的,不能与三轴不排水试验所得到的黏聚力混淆。另外,Hvorslev 关系式不适用于 p' 较小的情况(即只适用于 σ'_3 =0 线以下)。

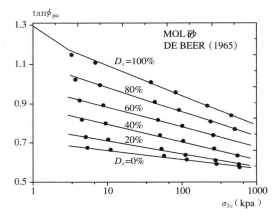

图 6.13　砂土密实度和强度的关系

6.4　临界状态

在较大的均匀变形条件下,无论初始孔隙比的大小,在相同压力 p' 下都可以得到同样的孔隙比,即临界状态孔隙比(图 6.14)。换言之,大变形掩盖了初始条件的影响。

实际上,大应变会引起土样的应变局部化,导致土样变形不均匀,所以很难达到理想临界状态。这个问题可以通过使用以下近似来解决(图 6.15):

(1)对于砂土,当 $e=e_{max}(D_r=0)$, $p'=0.1\mathrm{MPa}$;当 $e=e_{min}(D_r=1)$, $p'=5\mathrm{MPa}$;

(2)对于黏土,当 $w=w_L(I_c=0)$, $p'=3\mathrm{kPa}$;当 $w=w_P(I_c=1)$, $p'=0.4\mathrm{kPa}$ 。

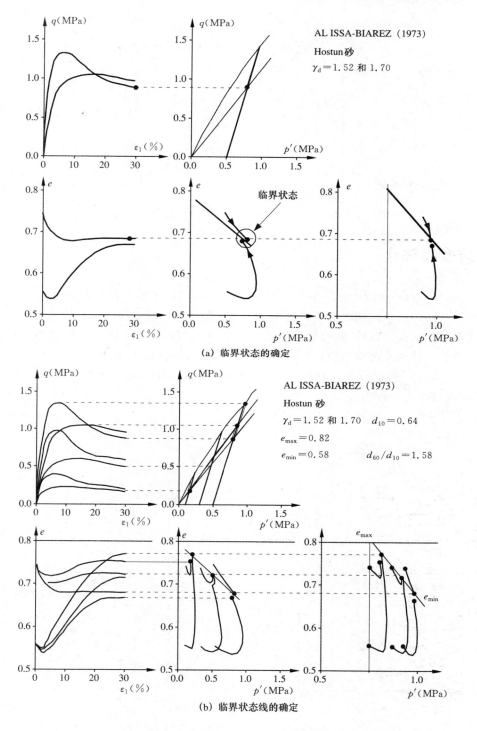

（a）临界状态的确定

（b）临界状态线的确定

图 6.14 基于三轴排水剪切试验的临界状态确定方法

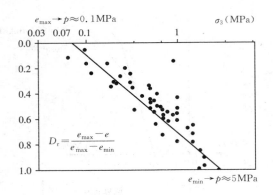

图 6.15　临界状态线和临界孔隙比的关系

6.5　应变局部化

以下我们将讨论一个很重要的问题,那就是由于局部应变过大而造成不连续变形以及由此带来的一些错误观念。同时也要讨论应变局部化与摩擦角减小至残余值的关联性。

在常规三轴试验中(试样的尺寸符合 $H/B=2$,其中 H 和 B 分别为试样的高度和直径),均质的变形会在特定点之前结束(图 6.16),之后会在某一截面上出现局部的大应变,这个截面和 σ_1' 成 $(\pi/4-\phi'/2)$ 的角度。总的来说,试样在这个阶段不会进一步剪胀。这从图 6.17 的 e-ε_1 关系曲线可以看出。

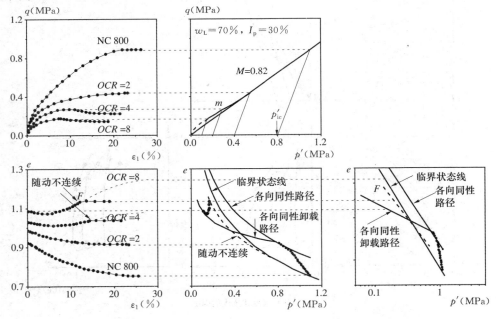

图 6.16　高岭土排水试验中的应变局部化现象

图 6.16 说明,如果使用密砂的常规三轴试验结果,就会在 e-$\ln p'$ 平面上得到一条不正确的临界状态线。因为常规三轴的试验数据会给出不正确的临界孔隙比。数据不正确的原因是由于试样的变形变得不再均匀一致,所以失去了均匀土样的代表性。此时摩擦角的值 ϕ_{peak}' 也

可能是不真实的。

　　图 6.18 的试验就给出了和大主应力轴成 $\pi/4-\phi'/2$ 角度的平面上的局部大变形,然后剪胀停止,随后在 $e\text{-}\varepsilon_1$ 图上会出现孔隙比的水平段。对应的 $e\text{-}\log p'$ 曲线也无法达到临界状态。

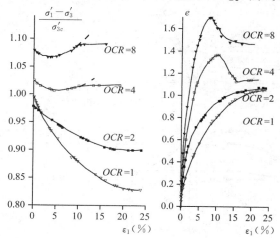

图 6.17　砂土排水试验中的应变局部化现象

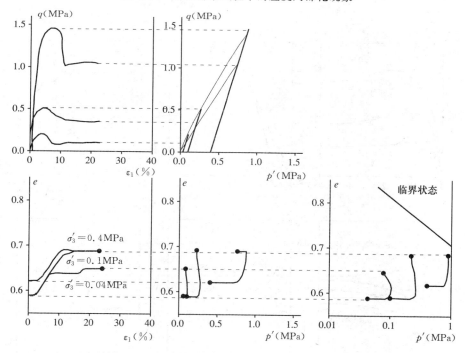

图 6.18　砂土排水试验中的应变局部化现象($H/2R=2.2$)

　　然而,也可以利用高度小于直径的试样,以及采取措施来减少试样和钢板之间的摩擦来限制应变局部化的产生(图 6.19)。如果采取了上述措施,那么会观察到更多的剪胀,而且 $e\text{-}\log p'$ 曲线会达到临界状态。应变-应变曲线会在过了峰值以后以一种比较平滑的方式继续减小(图 6.19)。

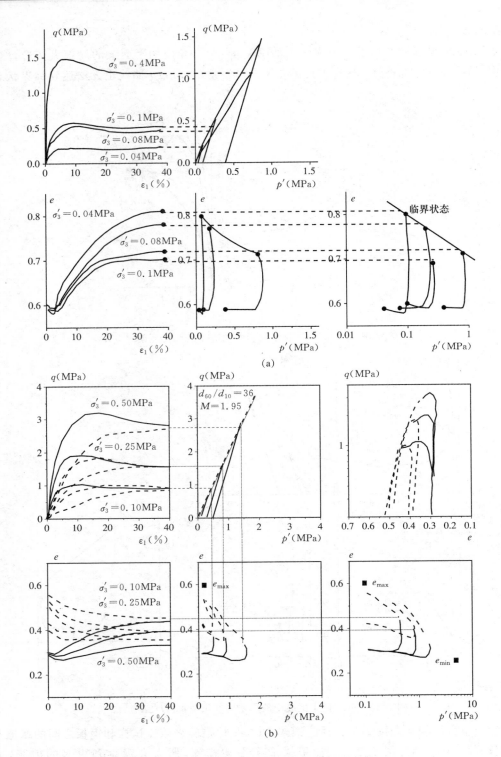

图 6.19 砂土排水试验中的应变局部化消除($H/2R=0.5$)

为了检验试验结果,应检验在 $e\text{-}\log p'$ 平面上临界状态线的唯一性,所以试验所需试样的孔隙比应在一个比较大的范围内,并要在平行于正常等向固结线和固结仪路径的范围内(图 6.20)。为了解释试验结果,比较实际的做法是利用相关图之间的交叉预测来实现,特别是 $e\text{-}\varepsilon_1$ 和 $e\text{-}p'$ 图。

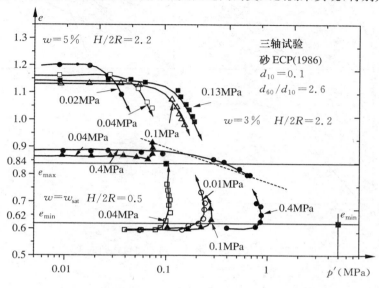

图 6.20　$e\text{-}\log p'$ 平面上的临界状态线

由于颗粒间会有很多接触面,在应变局部化过程中伴随着颗粒的偏转会形成不连续的滑动面,这些滑移面通常都是对齐排列,进而变成了一个带,即剪切带(图 6.21—图 6.23)。这会导致一个明显小于 ϕ'_{peak} 的残余摩擦角 ϕ'_r。对于砂土,由于应变局部化而得到的残余摩擦角 ϕ'_r 较接近临界状态摩擦角 ϕ'_{cs}。

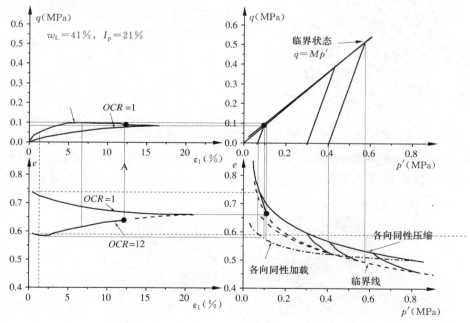

图 6.21　不同超固结比黏土的排水剪切试验对比

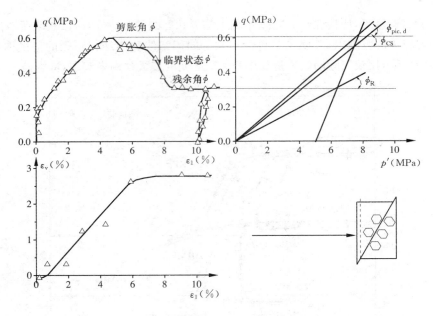

图 6.22　剪切带的产生及不同摩擦角之间的关系

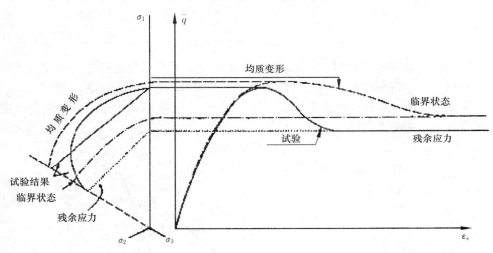

图 6.23　试验过程中均匀变形到剪切带产生的不同应力状态

　　图 6.24 显示,密砂基础的破坏会产生伴随明显的应变局部化。如果基础以恒定的速度压入土体,那么土体抵抗压入的能力将会下降(图 6.25)。这个结果也可以通过有限元计算得到。

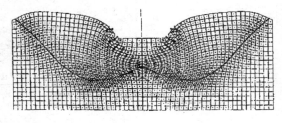

图 6.24　浅基础破坏试验

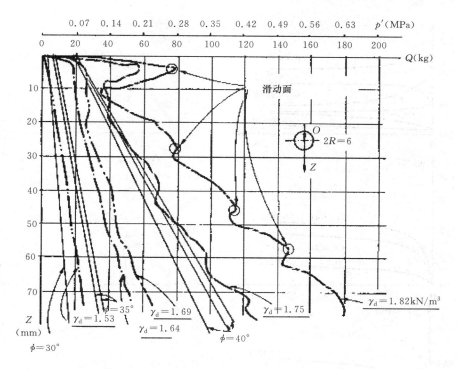

图 6.25 浅基础压缩 p-y 曲线

6.6 体积恒定路径

饱和土样不排水试验有如下观测结果:对于超固结比 $p'_{ic}/p'_i < 2$,土样中孔隙水压力在剪切过程中持续上升,表现出相应的剪缩特性;对于超固结比 $p'_{ic}/p'_i > 2$,土样中孔隙水压力在剪切过程中先上升后下降,表现出相应的先剪缩再剪胀的特性。

基于在等向固结土样上施加不排水轴向荷载的三轴试验,在莫尔圆上画应力路径可以得到摩擦角 ϕ_{cu} 和相应的 M_{cu}。图 6.26 中为有效应力 σ',图 6.27 中为总应力 $\sigma = \sigma' - u$。

图 6.30 为 Seed & Lee(1967)做的砂土的不排水试验。q-p' 图和 e-p' 图与正常固结黏土试验结果类似,在 q-p' 图中有一个最高点,相应的 C_c 值要小一点。这些试验结果是在高应力下且相对密实度很小的砂土中得到的。正常应力水平下的砂土(图 6.29—图 6.31)与超固结黏土力学特性相似(例如超固结比=12,图 6.28)。

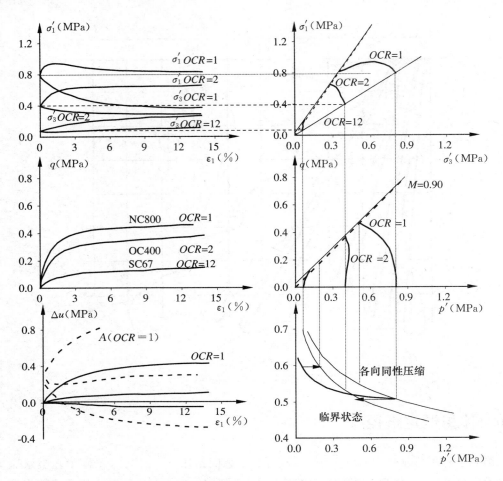

图 6.26 不同坐标系下黏土之轴不排水剪切试验结果

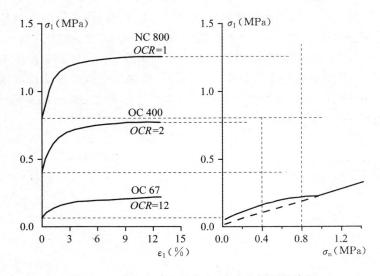

图 6.27 莫尔方法表示应力-应变空间下的路径

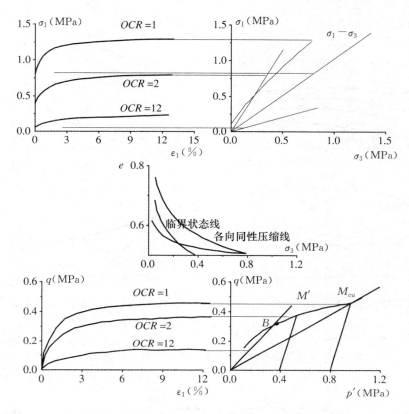

图 6.28　不同坐标下不同超固结度黏土的不排水剪切路径

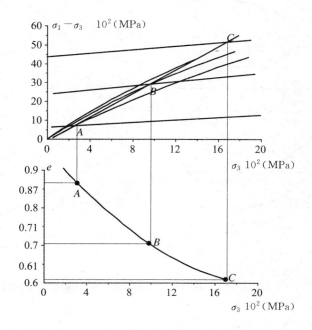

图 6.29　Sacramento 砂的排水和不排水三轴剪切试验结果比较

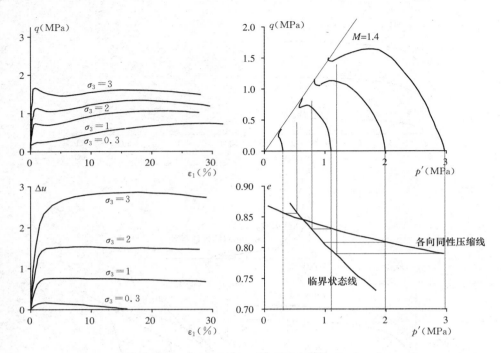

图 6.30 不同坐标下砂土的不排水三轴剪切试验结果(Seed & Lee 1967)

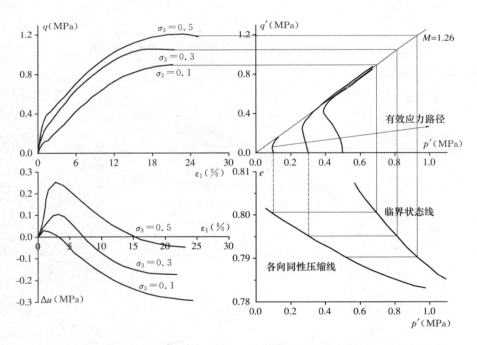

图 6.31 不同坐标下砂土的不排水三轴剪切试验结果(SIKA)

第 7 章　参数的分类及参数间的相关性

本章所给出的数值结果只是等数量级值,目的在于介绍参数的分类以及相关关系,这些数值结果不能用于实际应用。

7.1　基于室内试验的参数分类

连续介质力学提供了参数的分类方法以及不同类参数建立联系的逻辑框架。在本书第 1 章和第 2 章球体集合的例子中,基于非连续颗粒体内部连续的假设,可以推导得到虚构的连续体的本构关系(表 7.1)。

表 7.1　　　　　　　　　　　　　　从不连续介质到连续介质

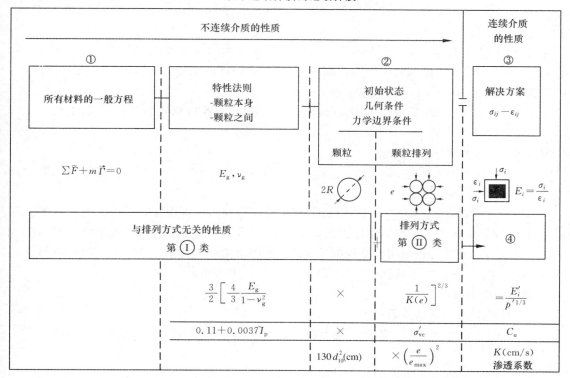

我们可以看到,虚构连续介质的本构关系由表示非线弹性的系数 E/p^n 来控制。系数取决于:

(1)颗粒材料内在的弹性性质,E_g,ν_g;

(2)用孔隙比 e 表示的几何边界条件,其中 e 是球体堆积排列的一个指标。

在这个特殊的例子中,由于所有的圆球的尺寸相同,所以方程中不会出现圆球的几何特征(尤其是半径 R)。但是一般情况下,我们不得不考虑颗粒几何特性。因此,需要多个参数。我们把这些参数分为以下两类:①颗粒自身的几何形状类;②颗粒排列的几何形状类。

第一类是描述颗粒级配、颗粒的形状,以及表面纹理等的参数;第二类是描述颗粒之间相互咬合关系的参数,例如堆积状态。这些都可以通过描述各向同性特性的密度、孔隙比等参数以及某些描述各向异性特性的参数组合而成。

将参数这样分类是非常有意义的,因为在大多数实际问题中,不可恢复的变形是由颗粒重新排列引起的,而不是颗粒本身的变化(除非处于贯入仪或桩打入引起的高压情况下)造成的。因此在多数实际情况中,可将颗粒视为恒定不变的,因此颗粒材料的法则是保持不变,变化的仅是几何形状的排列。这意味着,也可以按照可变和不可变的原则来分类参数,来定义一种不连续材料集合体。

1. 第一类:不随排列方式变化的恒定参数

(1)颗粒材料法则:①颗粒本身:E_g,ν_g;②颗粒之间:ϕ_u 和"胶结"。

(2)颗粒几何描述:①大小和级配,即 d_{10},d_{60}/d_{10},$F(\% < 0.08\text{mm})$ 等;②光滑程度,即"粗糙"或"光滑";③颗粒表面纹理。

(3)力学特性与应力应变历史无关的部分:①临界状态,包括 ϕ_{pp} 或 M 代表临界状态摩擦角、C_c 或 λ 代表 $e\text{-}\log p'$ 空间中的临界状态曲线的斜率、$\Gamma(p_r)$ 代表给定平均压力 p_r 下 $e = \Gamma$ 曲线上的参考点;②正常固结特性,即所有单调递增的应力路径(承受应力比历史上的最大应力大),e,q,p' 之间在两个参数定义的空间表面有特殊的关系(C_c 代表 e 随 p 的变化规律,C_d 代表 e 随 q 的变化规律)。

(4)本构关系常数,都可以从正常固结黏土的归一化曲线上测量得到的强度或刚度,如 E'_{oed}/σ'_{vc},其中 E'_{oed} 为固结试验曲线的切线模量,又如三轴试验模数 c_u/σ'_c,E_u/σ'_c,E_{nc}/σ'_c,在 $\varepsilon = 10^{-2}$ 情况下,E 由 Duncan SP5 程序中的 E_{th} 得出。

(5)标准物理参数,如最大和最小孔隙比 e_{max} 和 e_{min};普通修正葡式试验的重度 γ_{dOPM},γ_{dOPM};Atterberg 液塑限 w_L,w_P(或 $e_L = \gamma_S w_L$,$e_p = \gamma_S w_P$)。

2. 第二类:可变参数

(1)颗粒排列的几何形状,可定义各向同性部分 e;各向异性部分,即颗粒接触间的切面方向(见本书第1章、第3章)。

(2)应力应变历史:①对于正常固结土,初始几何排列与不可恢复变形历史有关。简而言之,即正常固结情况下可根据固结应力张量 σ'_{ijc} 来定义排列方式,σ'_{ijc} 为单调递增应力路径上的最大历史应力。可以是各向同性路径中的 p'_{ic},或是固结路径中的 σ'_{vc}。② 对于超固结土,有必要考虑从应力 σ'_{ijc} 开始的卸载路径。可用 $OCR = p'_{ic}/p'$ 来表示。

3. 参数间的基本关系

可以从两个方面寻找关系:

(1)仅用一类参数表示。如第一类参数:$I_P = 0.73(w_L - 13)$,$C_c = 0.009(w_L - 13)$。

例如:

① e_{max},$e_{min} \rightarrow d_{60}/d_{10}$(图 7.1);

② 与 w_L 相关的正常固结侧限压缩参数(图 7.2(a),(b));

③ 葡式试验;

④ 临界孔隙比,与 d_{60}/d_{10} 有关(图 7.2(c));

⑤ CBR(饱和),与"黏土"摩擦角有关,F(如通过 200♯ 筛子)(图 7.3);

⑥ 表 7.2 所列。

(2)混合使用多类参数(表 7.2),力学特性参数拟合,与颗粒材料本身有关但与颗粒排列的几何形状无关。若实际情况中颗粒没有破碎,其形式则为Ⅰ+Ⅱ= 4,如表 7.3 和表 7.4 所列。

$$\text{I} \qquad + \qquad \text{II} \qquad = 4$$
$$(0.11+0.00371I_\mathrm{n}) \times \qquad \sigma_\mathrm{c}' \qquad = c_\mathrm{u}$$
$$130d_{10}^2 \qquad \times (e/e_{\max}) = K(d \rightarrow \mathrm{cm}, K \rightarrow \mathrm{cm/sec})$$

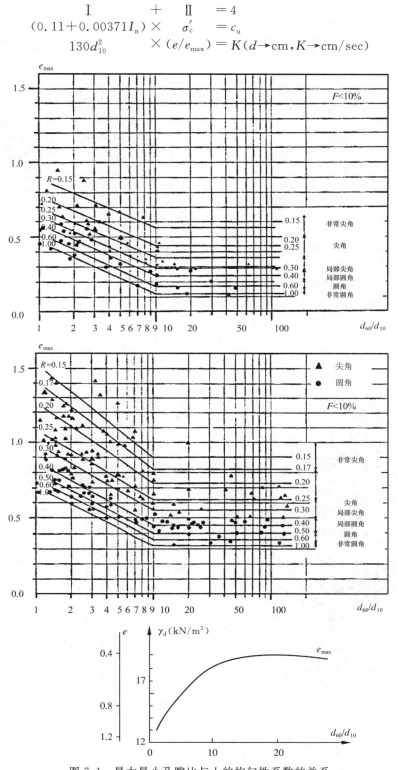

图 7.1　最大最小孔隙比与土的均匀性系数的关系

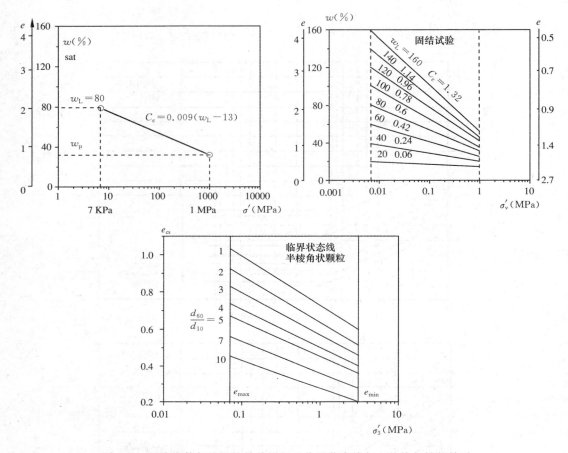

图 7.2　压缩指数与液塑性的关系以及临界状态线与土的均匀性的关系

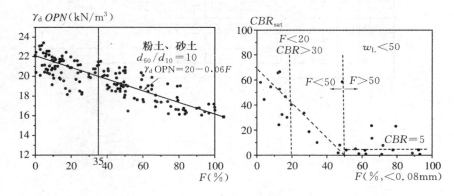

图 7.3　葡式密实度（$\gamma_a OPN$）及强度（CBR）与细颗粒含量（F）的关系

表 7.2　　　　　　　　　　　黏土各力学参数间的关系

w_L	20	30	40	50	60	70	80	90	100	150	200
w_P	15	18	20	23	26	28	31	34	37	50	64
I_P	5	12	20	27	34	42	49	56	63	100	136
C_c	0.06	0.15	0.24	0.33	0.42	0.51	0.6	0.69	0.78	1.23	1.68
C_u/σ'_c	0.13	0.15	0.18	0.21	0.24	0.27	0.29	0.32	0.34	0.48	0.61
E'_{oed}/σ'_c		45	25	15	12	10	8	7	6	5	4
M	1.29	1.2	1.11	1.03	0.98	0.94	0.9	0.86	0.81	-	-
ϕ'_{cs}	32	30	28	26	25	24	23	22	21	-	-
ϕ'_r	30	24	19	15	14	13	12	11	10	-	-
$\tan\phi'_r$	0.58	0.45	0.34	0.27	0.25	0.23	0.21	0.19	0.18	-	-
K_0	0.47	0.5	0.53	0.56	0.58	0.59	0.61	0.63	0.64	0.67	0.69
w_{OPN}	10	13.5	17	20.5	24	28	32	36	40	-	-
γ_{dOPN}	1.95	1.85	1.75	1.65	1.55	1.45	1.35	1.25	1.15	-	-
w_{OPM}	8	11	12.5	14	16	18.5	20	22	25	-	-
γ_{dOPM}	2.1	2.05	2	1.92	1.8	1.73	1.65	1.58	1.42	-	-

其中 $E'_{oed(NC)}=2.3\sigma'_{vc}\dfrac{1+e}{C_c}\sigma'_c$，$K_0=1-\sin\phi_{cs}$，$C_u=(0.11+0.00371I_P)\sigma'_c$。

临界状态下：$\dfrac{C_u}{p'_{ic}}=\dfrac{M}{2^{1+\lambda}}$，$\lambda=\dfrac{\lambda-\kappa_p}{\lambda}=\dfrac{\lambda_d}{\lambda}=\dfrac{C_d}{C_c}$，或 $C_u=\dfrac{1}{4}p'_{ic}$，$\eta_0=\left(\dfrac{q}{p'}\right)_{NC}=3\dfrac{1-K_0}{1+2K_0}$

表 7.3　　　　　　　　　　　黏性土的部分参数相关性

I_C	0	0.25	0.50	0.75	1	1.25
I_L	1	0.75	0.50	0.25	0	-0.25
I_p	0.003	0.01	0.03	0.1	0.3	1
C'_u	0.07	0.2	0.6	2	6	20
σ'_c	0.01	0.03	0.1	0.3	1	3

注：① * 正常固结黏土或 I_C 值一般在第一米接近 0 的海相淤泥。

② $I_C=\dfrac{w_L-w}{w_L-w_P}=1-I_L$，其中 w_L 对应的 w'_{oed} 和 C_u 在 50 那一列（表 7.3）。

表 7.4　　　　　　　　　　　无黏性土的部分参数相关性

D_r	0	0.2	0.4	0.6	0.8	1
ϕ' *	30	31	32	34	37	40
ϕ' **	35	36	37	39	42	45

注：① * 光滑；** 粗糙；ϕ' 是对于 $\sigma_3\approx0.1MPa$ 而言的；

② $D_r=\dfrac{e_{max}-e}{e_{max}-e_{min}}$ $\begin{bmatrix}\phi_{peak}\\e_{min}\end{bmatrix}\approx\begin{bmatrix}\phi'_{cs}\\e_{max}\end{bmatrix}+10$；$\dfrac{E'_e}{\sqrt{p'}}\approx\dfrac{450}{e}(W_L<50)$；$E'_e$ 和 $\sqrt{p'}$ 的单位为 MPa。

7.2　基于原位试验的参数分类

　　土木工程试验分析，包括原位试验，基本上都假定土是一种连续体。连续介质力学为分析现有土力学参数的分类提供了一个框架。在不考虑几何以及力学边界条件的情况下，不能直接将现场原位试验直接与本构关系联系在一起。若已得到特定的方程参数，则有必要假设一个标准方式把这些参数应用到本构关系中去。

[例1] 平板试验

承受压力为 q 的圆形板或地基的沉降量 s 的计算需要以地基土的本构关系为基础（表7.5）。若假设材料为线弹性，则本构方程可用 E 和 v，以及圆板半径 R 来表示。

$$s = \frac{1}{2}qR\frac{\pi(1-v^2)}{E} \tag{7.1}$$

$$\frac{q}{s} = \frac{2E}{\pi R(1-v^2)} \tag{7.2}$$

根据常规试验仅可得到 E 值。由圆板平板试验所得到的刚度系数 q/s 不能直接表示土体材料的力学特性。因为在整个试验过程中刚度系数仅考虑了板的维度、测试深度以及本构关系的类型等因素。

表 7.5　　　　　　　　　　　　　平板试验参数确定

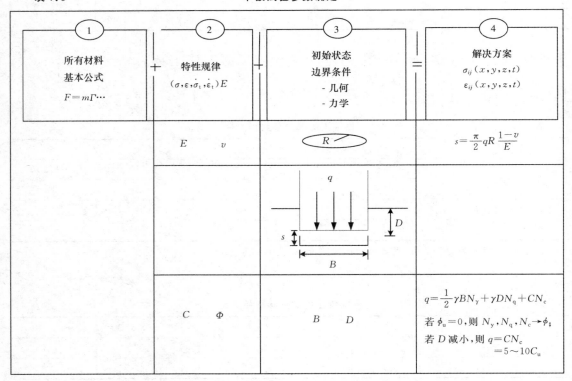

[例2] 旁压试验

对于旁压仪来说也一样，为了得到剪切模量 G，需要假设土是线弹性材料。还需进一步假定第二弹性参数值，如泊松比 ν。为了在标准试验中测试非弹性土体，Menard 提出了一个假定 $\nu = 1/3$ 来确定 E_m 的方法。Menard 提出了特殊情况下可使用的一般标准化方法，例如不测量孔隙水压力的情况。它将旁压仪的最大压力 q_1 与地基承载力联系在一起。

若基于弹塑性法则，就可以得到 c 和 ϕ 之间的关系，特别是在不排水加载条件下颗粒较细

且假设 $\phi_u=0$ 的饱和土的黏聚力 C_u。Baguelin & Jezekel(1978)对这个问题提出了一个解决办法。

也可选择双曲线法,其中一些参数可以推测出来,这些参数还可以用于得到模型的其他参数,如 Cambou 的 Press' Ident 计算程序。

[例 3] 贯入试验

贯入仪的尖端阻力 q_c 可与不排水条件下细颗粒饱和土的 c_u 联系在一起,假设 $\phi_u=0$。然而,贯入仪的贯入深度应该超过"临界深度",理由如下:

若一个板在贯入时充分发挥了土的塑性,可得到阻力 $q_u=6c_u$。在这种特殊情况下,假定 $\phi_u=0$,q_c 与板的大小尺寸无关但随着贯入深度的增加而增加,当深度增加到一定程度时 q_c 保持恒定 $\approx 10C_u$。这个深度就是临界深度。在实际应用中,根据贯入仪顶部的形状不同,这个值可以从 10 到 $20C_u$ 不等。在摩擦剪胀材料中($\phi' \neq 0$),这个问题更加复杂。对于砂,我们之前已经假设初估值 $q_c \approx 30D_r^3$ MPa(莫斯科大会)。之后许多学者陆续提出更加精确的关系(Foray 1992)。

一般情况下,取 $C_u < 0.1$MPa,在超固结情况下有开裂的危险。若能够使用必要手段来减小侧向摩阻,这些成果可用于"动力"贯入仪的强度推导中。

由表 7.6 可以大概得到各参数间的关系,这些参数包括贯入试验、Menard 试验所得参数以及本构关系中的某些参数。这项工作的主要内容在 Cassan(1978)等文献中有详细说明。

表 7.6　　　　　　　　　　根据贯入仪形状大小总结的现场试验参数

	C_u	$E_m'^*$ pressio	$R_p - \gamma_z$	$P_f - P_0$	$P_L - P_0$	N(SPT)
C_u			0.07	0.3	0.17	0.1
$E_m'^*$ pressio			5(A) 1(S)	17(A) 10(S)	10(A) 6(S)	9(A) 5(S)
$R_p - \gamma_z$	15	0.2(A) 1(S)		5(A) 10(S)	3(A) 6(S)	1.5(A) 5(S)
$R_p - \gamma_z$	3.5	0.06(A) 0.1(S)	0.2(A) 0.1(S)		0.6	0.3(A) 0.6(S)
$P_L - P_0$	6	0.1(A) 0.17(S)	0.3(A) 0.2(S)	1.7		0.6(A) 1(S)
N(SPT)	10	0.1(A) 0.2(S)	0.7(A) 0.2(S)	3(A) 1.7(S)	1.7(A) 1(S)	

注:S 为砂土;A 为黏土,与 W_L 有关(表 7.2);$P_0 = K_0\gamma_z$,K_0 取决于砂的竖向荷载。

7.3　颗粒性质分析

1. 粗粒土 > 0.1mm

能用肉眼看到所有颗粒。一般来说这种土可以满足地基的承载力需要,因为它通常处于干燥状态,所以不存在不排水抗剪强度问题。通常由于胶结作用,具有一定的黏滞力 $c' < 10$kPa。摩擦角通常大于 $30°$,压缩系数非常小。

2. 细粒土 < 0.1mm

肉眼看不到颗粒。摩擦角通常 $\phi' < 30°$。在建造过程中表现出不排水特性,因此可假定 ϕ_u

=0。若土体颗粒完好（如无裂隙），在不排水条件下可假定 $c_u = \sigma'_c/4$。

3. 中等粗细土（0<F<50%）

如果土的液限 w_L 小于 50%，就基本可以满足地基的承载力需要。若 w_L 大于 50%，含水量的变化会引起较大的收缩和膨胀，如果固结度不够还会造成高压缩性。

7.4 颗粒排列分析

1. 密度

力学特性会随着密度的增加而加强（表 7.7）。可以用一个标准密度的相对值来表示。

表 7.7　　　　　　　　　　　　　不同土的密实度与物理参数的关系

排列方式	细粒	粗粒
松砂/软黏土	$w = w_L (\sigma'_c = 7\text{kPa})$	$e = e_{max}$
密砂/硬黏土	$w = w_p (\sigma'_c = 1\text{MPa})$	$e = e_{min}$

2. 固结压力

在这个部分,我们讨论固结压力 σ'_{vc} 与液塑限、干密度、孔隙比的相关性。可根据图 7.2 来得到 σ'_{vc},过程如下:在 $e\text{-}\log\sigma'_v$ 图上,选用黏土的液限 w_L 对应的压缩曲线来表示正常固结试样的一维压缩;如图 7.4 所示,若图中 A 点表示实际孔隙比 e_0,对应的干密度为 γ_d,则其最小前期固结压力 σ'_{vc} 为 B 点在横坐标轴上的投影 C;若为超固结土试样,已知当前固结压力 σ'_v 以及孔隙比 e_0,通过点 A 且斜率为 C_s 的直线与正常固结线的交点 B,由点 B 可得到前期固结压力 σ'_{vc}（图 7.5）。

从这个简单的过程中我们可以发现:①若 $w = w_L$ 则 $\sigma'_{vc} = 7\text{kPa}$,②若 $w = w_p$ 则 $\sigma'_{vc} = 1\text{MPa}$,③若 $e \approx 0.25$ 则 $\sigma'_{vc} = 10\text{MPa}$。

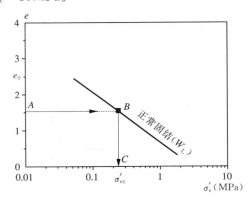

图 7.4　正常固结土先期固结压力确定

3. 地质历史

与土壤沉积的机制密切相关的土体颗粒排列也可以作为近似值来描述土体先前经历的最大压力,如细粒土或粗粒土的前期固结压力。根据沉积时间与末次冰期的前后关系将沉积土分为两大类:

① 前这些土从未承受比自重更大的附加压力,若地下水位接近地表,则 $\sigma'_v = \gamma_z$。地下 10m 以上的正常固结细粒土非常软且压缩性极大,易收缩,承受剪力时超孔隙水压力增大

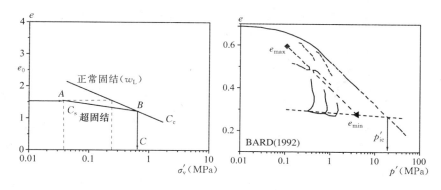

图 7.5　超固结土先期固结压力确定

较快。

②末次冰期之后。这些土经常承受由于地面侵蚀或者冰川运动带来的附加应力。在细粒土中，潜水面的降低会导致负的孔隙水压力，这会导致压缩量的增大，有时甚至比塑限（$w_{SL} \approx w_P$，$\sigma'_{vc} = 1\mathrm{MPa}$，$c_u = \sigma'_c/4$，如 $c_u \approx 0.25\mathrm{MPa}$）引起的压缩量还要大。超固结与各向异性（$\sigma'_h \gg \sigma'_v$）密切相关，各向异性将导致硬黏土中产生竖直裂隙，非常复杂也非常危险。若预估不排水黏聚力超过 100kPa，则需采取预防措施。

7.5　固结试验分析

将固结试验结果绘于 e-$\log\sigma'_v$ 图上（图 7.6），对于液限为 w_L 的试验土样，当固结压力大于 σ'_{vc} 时，曲线应该接近正常固结曲线（图 7.6）。这需要满足以下两个条件（同时适用于大部分土体）：

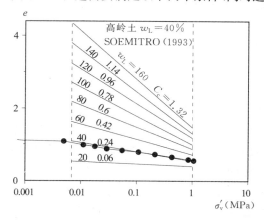

图 7.6　正常固结土的一维压缩曲线

（1）颗粒之间存在"胶结"作用。这导致压缩曲线最开始位于正常固结曲线的右侧，当应力增大至足够破坏这种胶结作用时，曲线回归到正常固结曲线上（图 7.7）。

（2）当固结压力大于 1MPa 时，压缩曲线如果还不能达到某一特定 w_L 的正常固结曲线，这就需要使用特殊的固结仪（如高压固结仪）来定义正常固结曲线，其极限固结压力至少要是前期固结压力的 5 倍。这在实际应用中经常低估 σ'_{vc} 或导致 C_c 错误（图 7.8）。

上述错误估计对经典太沙基形的沉降计算并不会有太大影响，但对剑桥模型的沉降计算影响很大，因为剑桥模型使用了临界孔隙比下的固结压力以及斜率 C_c 或 λ。

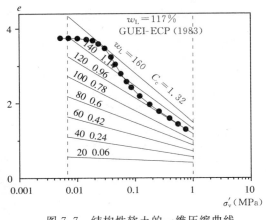
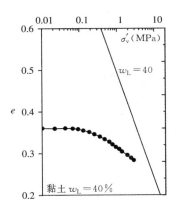

图 7.7　结构性软土的一维压缩曲线　　　图 7.8　有争议的黏土一维压缩曲线

7.6　三轴试验分析

1. 临界状态 ϕ'_{cs} 的确定

基于大量试验结果,我们认为 ϕ'_{cs} 对于粒径大于 0.1mm 且 $w_L < 20\%$ 的土在 30°左右(表 7.2)。由于剪切而产生的地表不连续性将导致含片状颗粒黏土的 ϕ'_{cs} 减小。当表面位移大约为厘米级时才可以得到残余摩擦角。只有在变形均匀的情况下才能来解释整个试验。然而通常情况下,当应变增大至某一特定值之后,则会出现应变局部化(在剪胀过程中所占比例很小)而导致应力-应变关系不断发生改变。

摩擦角的数量级可通过 Rowe 的应力剪胀法则得到:

$$\frac{\sigma'_1}{\sigma'_3} = K_{cs}\left(1 - \frac{\mathrm{d}\varepsilon_v}{\mathrm{d}\varepsilon_1}\right) \tag{7.3}$$

其中, $K_{cs} = \tan^2\left(\dfrac{\pi}{4} + \dfrac{\phi'_{cs}}{2}\right)$ 。

在 ε_v-ε_1 体应变曲线上,体应变的最小值 A(图 7.9)以及临界状态点 B 对应于 $\mathrm{d}\varepsilon_v/\mathrm{d}\varepsilon_1 = 0$ 。在点 A' 和点 B' 由 Rowe 法则中可得 $\sigma'_1/\sigma'_3 = K_{cs}$ 。由此可得 ϕ'_{cs} ,将 A 点投影到 A' ,对应的 B' 为临界状态点,由于 B 点的大应变会导致应变局部化产生,所以 B 点的真实的位置很难确定。

2. 临界孔隙比及临界状态线的确定

如图 7.10 所示,和大应变相关的应变局部化易发生的区域中,应在 e-$\log p'$ 空间中定义一条经过 F_5 的曲线。需要检查这条曲线是否与各向同性以及固结试验曲线平行。若不平行则表示孔隙比对应的并不是临界状态。若是以 $C_c = 0.009(w_L - 13)$ 来确定 C_c 的值,则需要比较曲线是否平行。

临界孔隙比就位于这条直线上:

(1) 对于黏土: $w_L(I_c = 0)$ 且 $\sigma'_3 \approx 3$ 或 $p' \approx 3\mathrm{kPa}$

$\qquad\qquad w_p(I_c = 1)$ 且 $\sigma'_3 \approx 0.3$ 或 $p' \approx 0.4\mathrm{MPa}$

(2) 对于砂土: $e_{max}(D_r = 0)$, $\sigma'_3 \approx 0.07$ 或 $p' \approx 0.1\mathrm{MPa}$

$\qquad\qquad e_{min}(D_r = 1)$, $\sigma'_3 \approx 3$ 或 $p' \approx 5\mathrm{MPa}$

可以由这些归一化后的密度大致定位临界孔隙比曲线(图 7.11 和图 7.12)。

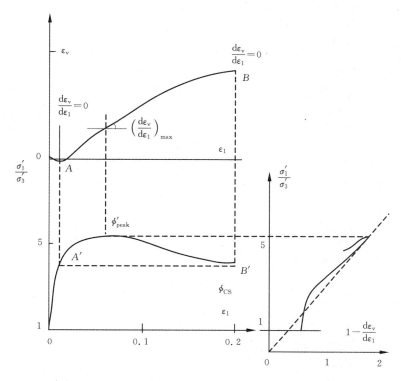

图 7.9　临界状态摩擦角的确定

图 7.10 说明了为什么应变局部化会导致错误的估计 C_c（或 λ）和 ϕ'_{cs} 值。点 F_1 和 F_2 表示应变局部化的开始，并由其看出局部化是如何阻止孔隙比继续增大（如剪胀）和峰值之后 q 的进一步减小。这将导致对相关的 q-p' 和 e-$\log p'$ 图中临界状态曲线上点 F_3 和 F_4 的估计错误。

如图 7.13 所示，由点 M_1 可得到临界状态曲线上的正确值。

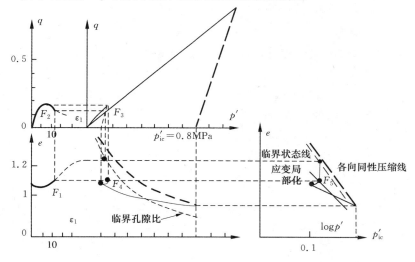

图 7.10　应变局部化情况下的临界状态确定

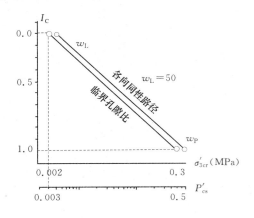

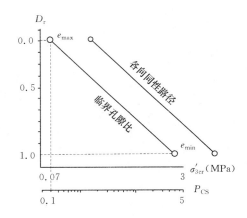

图 7.11　黏土的临界状态线确定　　　　　图 7.12　砂土的临界状态线确定

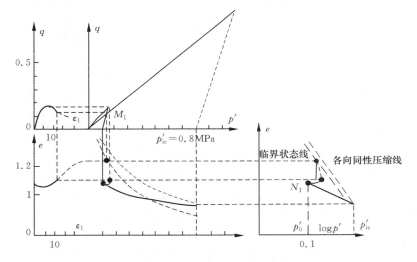

图 7.13　应变局部化情况下的临界状态确定

3. 峰值摩擦角的 ϕ'_{peak} 确定

峰值摩擦角 ϕ'_{peak} 的取值随密度的不同在 $30°$ 到 $40°$ 之间不等,两者之间关系如下:

（1） $e \cdot \tan\phi'_{peak} = e_{cs} \cdot \tan\phi'_{cs} = K$,其中 K 的取值取决于颗粒的几何形状,从图 7.1 可初步估计 $p' \approx 0.1$MPa 对应的 e_{cs} 接近 e_{max},图 7.1 将 e_{max} 与 d_{60}/d_{10} 以及粗糙程度联系在了一起。

（2） ϕ'_{peak} 为相对密度 D_r 的函数(表 7.3)。

（3） Rowe 应力剪胀法是非常有效的检验方法:

$$\left(\frac{\sigma'_1}{\sigma'_3}\right)_{peak} = \tan^2\left(\frac{\pi}{4} + \frac{\phi'_{cs}}{2}\right)\left[1 - \left(\frac{d\varepsilon_v}{d\varepsilon_1}\right)_{max}\right] \tag{7.4}$$

需要注意的是,$\tau\text{-}\sigma'$ 图中的最大强度线(或固有曲线)并不是直线且 ϕ'_{peak} 的值会随着 σ'_3 的增大而减小。需要在 0.1 和 1MPa 将 ϕ'_{peak} 归一化。此外,Fry & Nadjet(1972)对归一化数值之间的数值作了解释。

4. 应力应变曲线的校正及分析

可利用 $q/Mp' - \varepsilon$ 和 $e - e_{cs} - \varepsilon_1$ 的平均线作为超固结比 OCR 的函数。图 7.14 展示了应力应变曲线的校正以及分析。

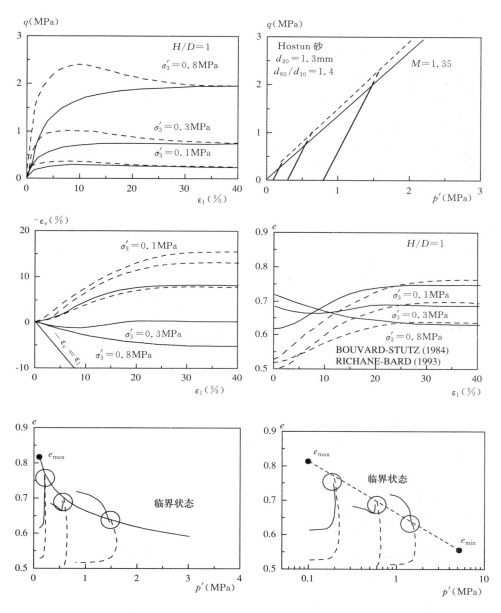

（a）Hostun 粗砂的临界状态

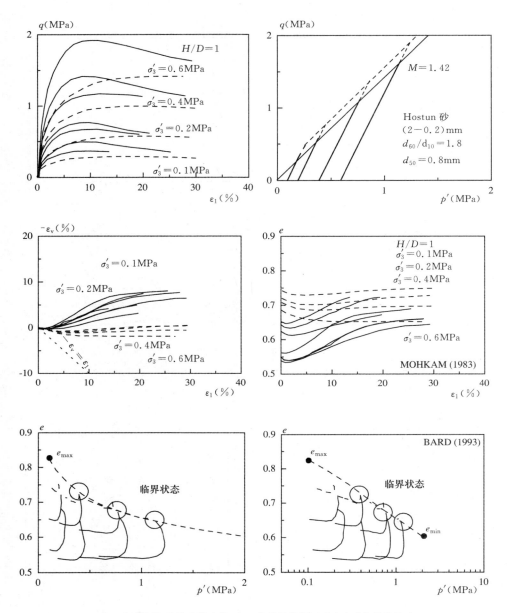

（b）对于 OCR 比较大的土体，由于变形局部化而无法达到临界孔隙比

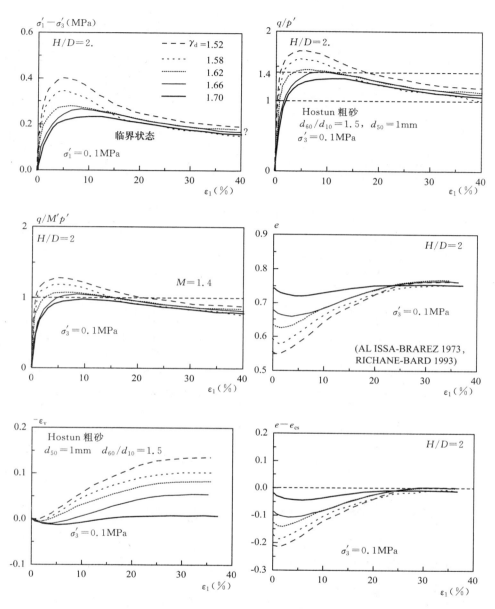

（c）临界孔隙比看起来是达到了,但由于大变形造成试样截面积的不均匀性,将导致残余抗剪强度的不准确

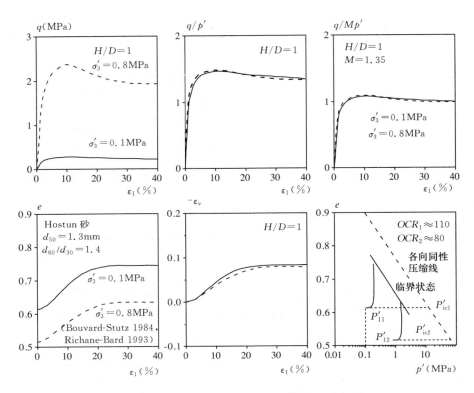

（d）对于给定土体，相近 OCR 下的土体特性基本相同

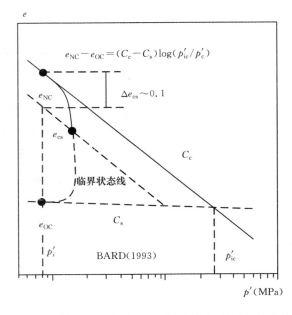

（e）对于不同土体，在 p' 已知下，OCR 可以表达为 $e(NC)-e(OC)$ 的差值

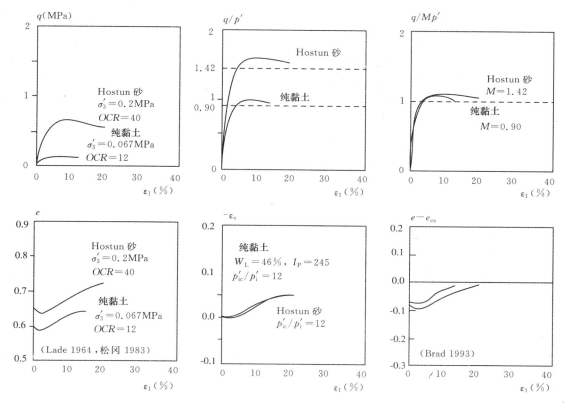

（f）如果曲线 e-e_{cs}（ε_1）接近的话，不同 p'_{ic}/p'_i 下，土体的 q/Mp'（ε_1）和 e-e_{cs}（ε_1）有类似的特性

图 7.14 应力应变曲线的校正和分析

5. 模量的确定

（1）基于固结试验。可直接由固结试验中的 $\mathrm{d}\sigma'_v/\mathrm{d}\varepsilon_1$ 定义固结（或侧限）模量 E'_{oed}：

对于正常固结土：$E'^{NC}_{oed}=2.3\dfrac{1+e}{C_c}\sigma'_u$

对于超固结土：$E'^{OC}_{oed}=2.3\dfrac{1+e}{C_s}\sigma'$ 若 $C_c/C_s=4$ 则 $E'^{OC}_{oed}/E'^{NC}_{oed}=4$，$E'_{oedNC}/\sigma'_v$ 的取值详见表 7.2。

对于弱超固结土（$OCR<4$），模量并不会随着 σ'_v 而有过大的变化；对于强超固结土其关系可由 $E'_{oed}=\alpha\sigma'^n_v$ 来表示，其中 $0.5<n<0.8$。

（2）基于三轴试验。"模量"是在一定的应变大小下定义的：比如当 $\varepsilon_1=10^{-2}$，对于给定应力比 $\sigma'_1/\sigma'_3=K_v$，采用由适当的 ν'（取近似值 0.1），得到与固结试验 E'_{oed} 非常相近的值，表达式如下：

$$E'_{oed}=\frac{(1-\nu')E'}{(1-2\nu')(1+\nu')}\tag{7.5}$$

由标准三轴不排水试验（σ_3 恒定）得到不排水模量 E_u，$\mathrm{d}\sigma'_1/\mathrm{d}\varepsilon$ 可通过下式与 E' 和 G 联系在一起：

$$G=\frac{E'}{2(1+\nu')}=\frac{E_u}{2(1+\nu_u)}\tag{7.6}$$

从上式可以得到 E_u，对于黏土 $\nu_u \approx 0.5$。当 $\nu' \approx 0.1$ 且 $\varepsilon_1 \approx 10^{-2}$ 时，$E_u = (1+\nu_u)/(1+\nu')$ $E' \approx 1.4E'$。

值得注意的是，应变为 10^{-2} 数量级下的体应变非常重要。另外，需要检查试验路径在 q-p' 平面上是否和"弹性"体应变下的各向同性固结路径接近。

（3）弹性模量。小应变（小于 10^{-5}）下的弹性模量 E_e 要比 $\varepsilon_1 \approx 10^{-2}$ 下的大得多（见本书第 11 章）。

若 E_e 和 p' 以 MPa 为单位，则 $E_e/\sqrt{p'} = 450/e$。另外要注意的是，动载和静载下弹性模量是相同的，但如果试验对象为黏土还需考虑应变速率的影响。

第 8 章　三维特性-中主应力的影响

由轴对称压缩试验得到的库伦参数 c 和 ϕ'，也可以应用到其他情况（如平面应变）中吗？三轴伸长试验为这个问题提供了一个初步解决方法。然而试验结果离散性较大，有时甚至彼此完全相反，因为应变诱发的颗粒随动不连续性导致试验过程中伴随着非常多的问题。尽管如此，大量研究表明，伸长试验的摩擦角要大于其压缩试验的摩擦角。这个结果意味着摩尔库伦准则的 ϕ' 值对于不同的中主应力来说只是一个近似值。进一步说，平面应变试验所得内摩擦角同样比轴对称压缩试验所得内摩擦角大。

近年来随着数字模型的发展，我们需要更多地探讨非轴对称应力应变路径。不同类型三轴试验仪的出现使得任何主应力应变空间下的路径都能在主轴空间中实现，除了主应力轴的旋转。可根据加载系统将这些试验仪器分为四类：①真三轴应变控制仪（三对刚性板系统），②真三轴应力控制仪，③组合装置，④空心圆柱扭剪仪。

有关这一主题的内容在 Saada & Townsend(1980)里有详细说明。不同仪器的不同操作模式会导致试验结果之间有一定的差别。这些差异与很多因素有关，如刚性端部摩阻导致应力应变的变异性、边界的干扰、柔性边界上应变难以测量等。这些困难限制了试验研究的发展，以致可用的试验结果有限。

8.1　比例路径试验

对于各项同性材料，可通过比例路径试验（即恒定 b_σ 值试验）研究中主应力对土体强度的影响。可用中主应力系数 b_σ 来描述单调加载过程中，中主应力的影响：

$$b_\sigma = \frac{\sigma'_2 - \sigma'_3}{\sigma'_1 - \sigma'_3} \tag{8.1}$$

8.2　应力应变关系

现有试验结果表明，无论是排水或不排水条件下的砂土或黏土，一般情况下，中主应力对归一化后的偏应力应变曲线（$q/p' - \bar{\epsilon}$）的初始斜率几乎没有影响，其中 $\bar{\epsilon}$ 为偏应变（图 8.1 和图 8.2）。

从图 8.3 和图 8.4 中八面体上的等偏应变线（等应变线）可以看出，σ'_2 对径向应力路径的影响非常小。对密砂或正常固结黏土来说，当 $\bar{\epsilon}$ 值较小时，这些等偏应变线呈环形。但对于 $q/p' - \bar{\epsilon}$ 曲线则不同，较小的 b_σ 值表示斜率更大且 q/p' 的终值更大。

当平均应力始终保持恒定时，b_σ 值对体积变化（或孔隙比）的影响似乎不是很大。Lanier (1987)对密实休斯顿砂土所做试验表明，试验初始阶段时试样有微小的剪缩，随之出现剪胀，且剪胀速率与 b_σ 值无关。Trueba(1988)对正常固结黏土所做试验结果并未显示 b_σ 值与体积应变之间有明确的关系。在不排水条件下试样体积保持不变，我们也可以认为体积的变化与

b_σ 值的变化无关。

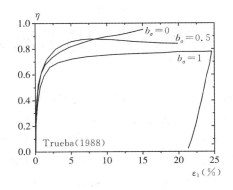

图 8.1　黏土的比例路径试验(恒平均应力 300kPa)

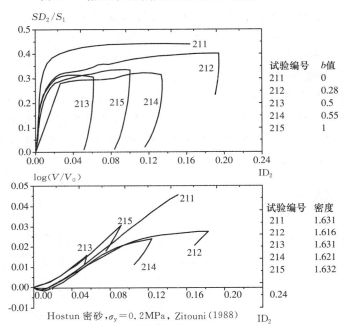

图 8.2　砂土的比例路径试验

8.3　主应变的发展

对正常固结或超固结黏土不排水试验来说,b_σ 值保持恒定。此时主应变之间成比例相互影响,即 $b_\varepsilon = (\varepsilon_2 - \varepsilon_3)/(\varepsilon_1 - \varepsilon_3)$ 的值同样保持恒定但与 b_σ 值不同。两个路径之间有一个相位差,其相位差是 b_σ 以及材料自身参数构成的函数(当 $b_\sigma \neq 0$ 或 1 时)(图 8.5 和图 8.6)。

对于排水试验,当应变非常大时,唯一能保证的是偏平面上应变路径呈线性,但这只能在应变局部化发生之前才观察到(图 8.7 和图 8.8)。

同样,相位差与 b_σ 以及材料自身参数有关。图 8.9 和图 8.10 为两种黏土以及两种不同密度休斯顿砂的 $\cos 3\alpha_\sigma$-$\cos 3\alpha_{d\varepsilon}$ 图。其中 α 代表图 8.9 中八面体中路径的走向(应力洛德角和应变洛德角)。图 8.10 中密砂所对应的最大偏量比松砂和黏土的大,但对于各种土对应的 b_σ 值

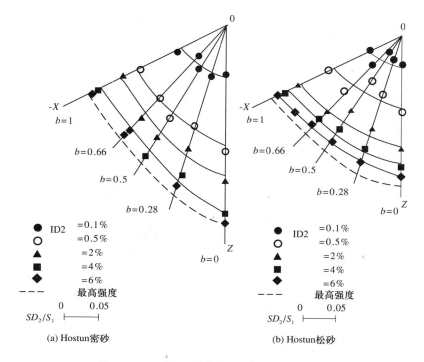

图 8.3　八面体上等偏应变线（Zitouni 1988）

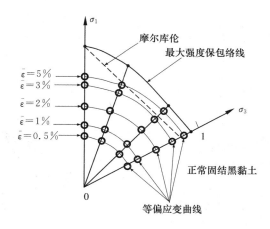

图 8.4　八面体上等偏应变线

（$b_\sigma = 0.3$），$\cos 3\alpha_\sigma$-$\cos 3\alpha_{d\varepsilon}$ 关系基本保持不变。

　　不论是何种材料，当到达平面应变状态时（$\varepsilon_2 = 0$），排水条件下 b_σ 值接近 0.25，不排水条件下 b_σ 值接近 0.35。不排水平面应变状态下的 b_σ 保持不变，也就是中主应力 σ_2' 的值是保持不变的，而在排水条件下则不一定。

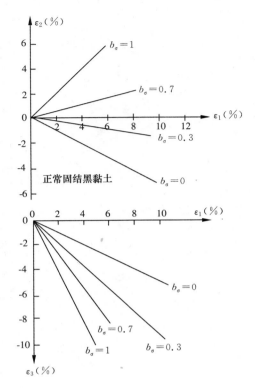

正常固结黑黏土

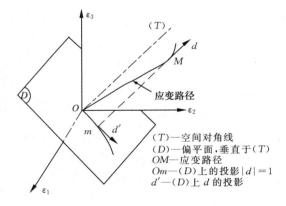

图 8.5 主应变发展曲线

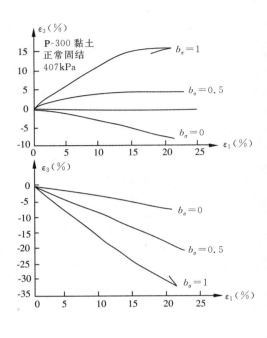

图 8.6 主应变发展曲线

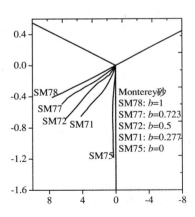

(T)—空间对角线
(D)—偏平面,垂直于(T)
OM—应变路径
Om—(D)上的投影 $|d|=1$
d'—(D)上 d 的投影

图 8.7 偏平面上应变路径(Zitouni 1988)

图 8.8 偏平面上应变路径(Zitouni 1988)

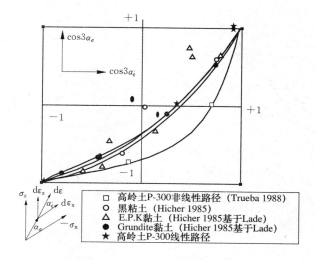

图 8.9　偏应力-偏应变路径关系图

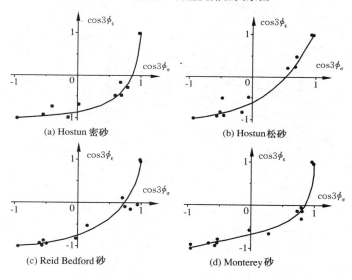

图 8.10　偏应力-偏应变路径关系图(Zitouni 1988)

8.4　三维强度

大量试验表明,土体强度(用 q/p' 比值或内摩擦角 ϕ' 来表示)会随着 b_σ 值的变化而改变。虽然已有的数据显示其离散性较大,但可归结如下规律。

(1)摩擦角 ϕ' 与中主应力有关。当 b_σ 值由 0 增至 0.5 时,ϕ' 明显增大。平面应变试验所得摩擦角要比轴对称压缩试验所得到的大。

(2)当 b_σ 超过 0.5 时,便会出现相反结果。ϕ' 可能会持续减小直至 $b_\sigma=1$(图 8.11 和图 8.12)。一般情况下 $b_\sigma=1$ 时的摩擦角大于 $b_\sigma=0$ 时的摩擦角,有时两者相等。

图 8.14 所示的曲线是不同学者提出的各向同性屈服准则在偏平面上的曲线。这些曲线大多数都在摩尔库伦曲线之外。其中一些屈服准则不能使 $b_\sigma=1$ 和 $b_\sigma=0$ 两种情况下摩擦角相等。以下为几个典型准则的表达式:

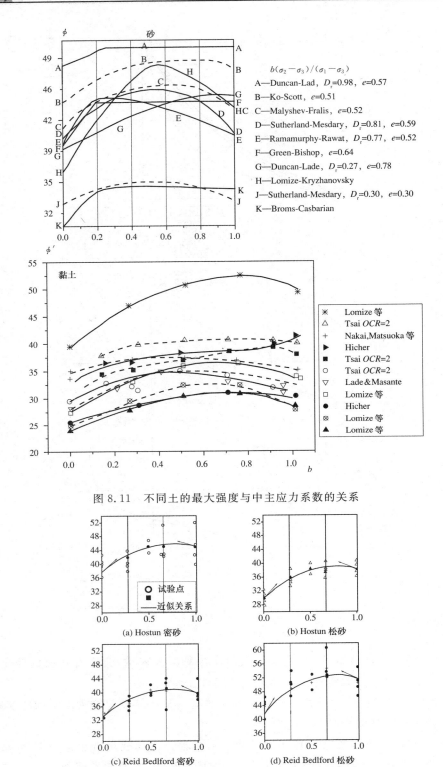

图 8.11 不同土的最大强度与中主应力系数的关系

图 8.12 不同砂土的最大强度与中主应力系数的关系

$$\begin{cases} \text{Lade 准则：} \dfrac{I_1^3}{I_3} = \text{常数} \\[2mm] \text{Desai 准则：} \dfrac{I_2}{I_1 \sqrt{I_3}} = \text{常数} \\[2mm] \text{Goldschneider \& Gudehus 准则：} \dfrac{I_2}{I_3} + c_1 \dfrac{I_3}{\sqrt{I_2^3}} = c_2 \\[2mm] \text{Matsuoka \& Nakai 准则：} \dfrac{I_1 I_2}{I_3} = \text{常数} \end{cases} \tag{8.2}$$

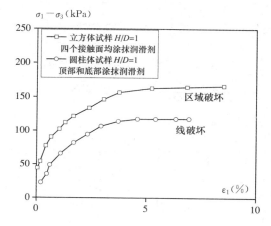

图 8.13　不同形式试样试验结果的比较

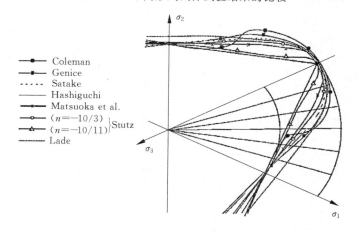

图 8.14　不同屈服准则在偏平面上的曲线

Lade 准则广泛应用在弹塑性模型中。上面所给出的公式适用于正常固结土。对于超固结土来说，若将 Lade 公式以下面形式写出，则其所得结果与经验值非常一致：

$$\left(\dfrac{I_1^3}{I_3} - 27 \right) \cdot \dfrac{I_1}{P_a} = \text{常数} \tag{8.3}$$

其中，P_a 代表大气压（图 8.15 和图 8.16）。

需要注意的是，无论使用哪种试验仪器，在试样内部都会产生不同程度的应变局部化。到达最大应力所需的偏应变会随着 b_σ 的增大而减小，即应力洛德角越大应变局部化越早发生，故会导致低估土体的峰值强度(图 8.13)。在带有中主应力 σ_2' 的平面上会出现破坏。在这些条件下,屈服包络线更趋向于破坏准则而不是临界状态准则。

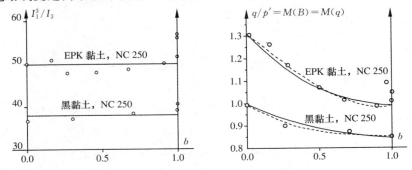

图 8.15　Lade 准则与试验数据的对比

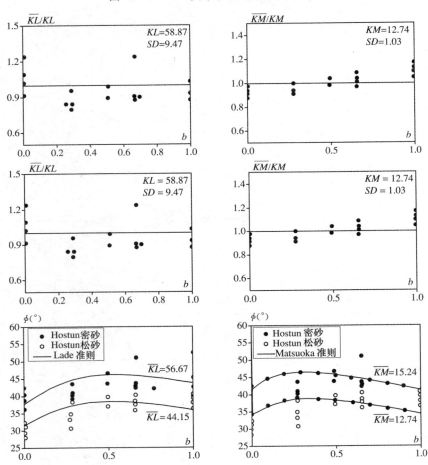

注:$KL=I^3/I_3$,$KM=I_1 J_2/I_3$,KL 和 KM 为试验数据,$\overline{KL}$ 和 $\overline{KM}$ 为平均值,SD 为标准差。

图 8.16　Lade 准则与试验数据的对比

第 9 章　各向异性

在实验室通过对有一定流动性的泥浆进行各向同性固结,可获得各向同性黏土土样。在这种情况下,土颗粒的分布以及颗粒形状与所选择的坐标方向无关的话,土体可以看成是各向同性的,其力学性能也可以看成各向同性。控制其力学特性的力学准则也是各向同性的,这些法则与选来定义张量的坐标轴无关。

另一方面,如果黏土在重力场作用下自然固结,黏土颗粒形成特定的排列,这使黏土形成各向异性微观结构。不考虑地质构造变形的情况下,土体可以看成是正交各向异性的,也就是关于竖直坐标轴对称。在这种材料上施加各向同性应力,会出现各向异性变形,即不同方向上的应变不相同。通常,我们将纵向弹性模量与横向弹性模量不相等($E_1 \neq E_2 = E_3$)时,称为正交各向同性材料。

一般来说,颗粒材料集合体是各向异性的,在给定应力状态下土体的响应与应力方向有关,这主要是由于土颗粒的排列变化造成的。在一般情况下,各向异性可以分为两种类型:①沉积过程中形成的初始各向异性,主要是由于在沉积过程中应力的各向异性导致的;②应力变化过程中产生的不可逆的变形导致的各向异性,即诱发各向异性。

在这种情况下,本构关系应当能够描述土体的初始各向异性。为了能够描述诱发各向异性,本构关系又必须是各向异性的。

9.1　几何各向异性

如果土颗粒形状为球形,可以通过与接触点相切平面方向来定义土体的几何各向异性,如图 9.1 所示。颗粒接触方向的分布随着土体的变形而发生变化,而且向着垂直于正应力方向的切平面方向集中。

Biarez & Wiendick(1963),Konishi,Oda & Nemat-Nasser(1983)等通过圆柱双轴剪切试验观察到连续介质的均匀变形也伴随着不同单元的滑移与旋转。

对给定方向上相切面的数量可通过向量长度来表示,即占每单位角度范围内平面数量的比例。所有角度上的向量组成一个椭圆,长轴和短轴用 a 和 b 表示。a 表示各向异性的最大主应力方向,b 表示各向异性土体的最小主应力方向。基于此,Biarez & Wiendick(1963)提出描述几何各向异性的参数:

$$A = \frac{(a-b)}{(a+b)} \tag{9.1}$$

重力作用下沉积的土体一般会形成关于竖轴对称的各向异性分布,附加变形会引起这个初始各向异性的变化,包括数量上和方向上的变化。如 Wahyudi(1991)通过土体的微观结构研究展示了沿着固结以及三轴应力路径下的土体几何各向异性的发展。

当几何各向异性程度达到最大时,土体也相应的达到了临界状态。

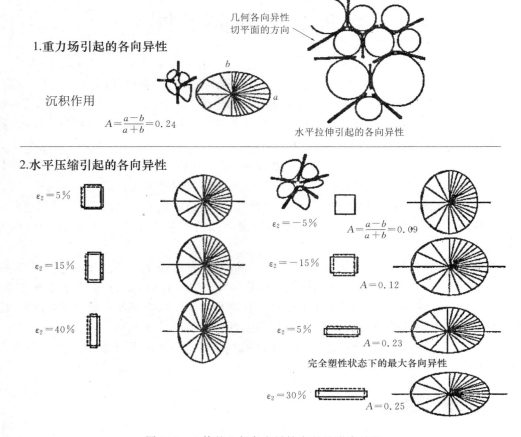

图 9.1　土体的几何各向异性定义及形成过程

9.2　力学各向异性

　　颗粒的各向异性排列可以造成材料的力学各向异性,这种现象可以从不同的力学应力路径中体现出来。本书对各向异性的研究限于材料的初始正交各向异性。这样的话,各向同性压缩可以产生塑性各向异性应变。对于正交各向异性材料,沿着正交轴向方向的应变要小于垂直方向的应变。塑性变形改变了材料的初始各向异性,使得土体变得更接近各向同性。但是对于砂土来说,是不可能达到完全各向同性状态的(图 9.2 和图 9.3)。不过,对于黏土来说,大的体积应变可以完全消除初始各向异性。

　　从图 9.4—图 9.6 的结果的相互对比可以看出:在三轴路径上,小的卸载量下应变可以有比较好的恢复;偏应力变化不大的卸载,可以得到近似弹性的土体模量,同时也可以观察到类似包辛格效应的材料特性。一般来说,塑性偏应变通常会产生准弹性的各向异性区域,这个区域通常不以 p' 轴为中心。

　　首先假定在有效主应力空间内存在一个圆锥,锥面的顶点在应力原点,p' 的最大值对应着固结张量 $\bar{\sigma}_c$ 的最大值(此假设对于黏土来说是合理的,对于砂土来说是假想的)。

　　首先,可以研究土体各向异性特性的试验是常规三轴试验,可以在不同方向上给圆柱形试样施加荷载。实际上,只有承受垂直或者水平方向荷载的土样才可以看成是均质的。对于承受其他角度荷载的土样,存在由于试样和金属板之间的接触所产生的摩擦以及弯矩所造成的边界效应,会对试验的结果有影响,因而土样不可视为均质的。试验过程中,当大主应力远离正交的坐标轴时,q-ε 曲线斜率会出现非常明显的下降。试验结果显示,水平方向上的刚度比竖值方向上的刚度要低大约 3 倍。

　　土体在不同于 p'_{ic} 的各向异性固结张量作用下进行固结,将会位于弹性屈服面内,这个屈服面不关于 p' 轴对称。而各向同性张量作用下固结的土体,这个面可视为对称于 p' 轴。我们把这个区别称之为屈服面的各向异性。所有正常固结沉积土所施加的的固结应力张量都对应着 K_0 条件,其屈服面也不关于 p' 轴对称。

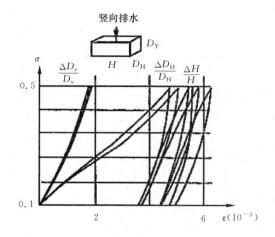

图 9.2　各向同性压缩

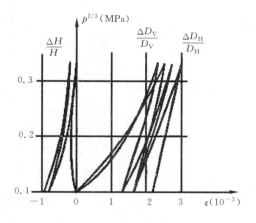

图 9.3　各向同性压缩

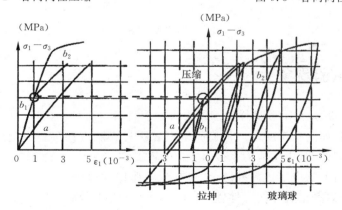

图 9.4　三轴加载-卸载试验

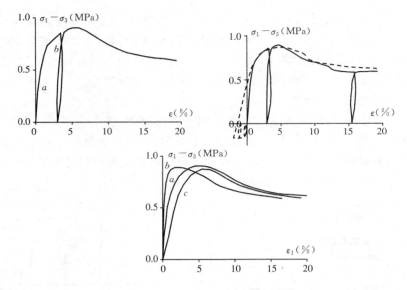

图 9.5　三轴加载-卸载-重加载试验

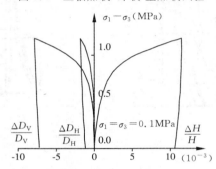

图 9.6　三轴加载-卸载试验

9.3　真三轴试验现象

Ochi & Lade(1983)对干砂试样的三维力学性能进行了研究,这些试样首先在三维压缩的模具里进行了压缩,如图 9.7 所示。他们的研究表明材料刚度在沉积方向上会有硬化。试验结果显示,对于相同的 b_σ(中主应力系数)值和偏应力值,当主应力方向轴与正交各向异性轴一致时,大主应力方向上的应变比另外两个方向小,剪胀则比另外两个方向上大。通常,偏平面上的应力路径越是偏离正交各向异性轴,土体的软化也就越明显。对于大变形问题,初始各向异性则可以忽略不计。偏平面上的破坏包络线是对称的,这与在各向同性土体上得到的相同。同样,塑性应变的增量方向逐渐变成圆形,直到接近各向同性固结土体在相同的应力路径下的增量图。

另外,Lam & Tatsuoka(1988)注意到在土体破坏时,初始各向异性并不能完全被消除;而且内摩擦角不仅是 b_σ 的函数,还是主应力方向的函数,主应力方向和各向异性轴有直接关系。同时还需要指出,必须在破坏时达到足够大的应变才可以完全消除初始各向异性。Lanier(1987)在 Hostun 干砂上和 Trueba(1988)在正常固结的高岭土上都得到了类似的结论。

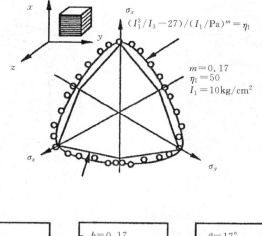

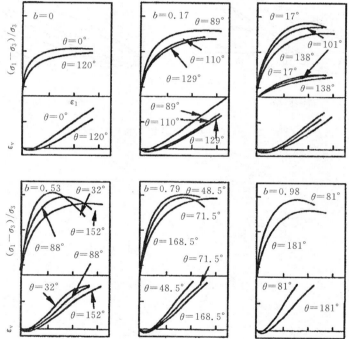

图 9.7　不同中主应力系数下的真三轴试验（威尔士砂）

　　这些例子中,初始加载是通过轴对称加载至一定的轴向应变 ε_1 来实现的。从图 9.8 和图 9.9 的结果中可以得到下列结论。

　　(1) 当初始加载方向沿着主应力轴线转动,从大主应力到中主应力再到小主应力变化时,弹性模量会有明显的下降。从图 9.10—图 9.12 偏应变的演化规律中可以得到这些结论。从这些图可以看出沿着不同路径时偏应变的变化。左边为初始各向同性材料,右边为初始各向异性材料。当应变值很小时,左边曲线接近于圆。这就意味着 q/p'-ε 曲线的斜率不随 b_σ 的值变化。右半部分的情况和左半部分不一样,当应力路径方向朝远离初始加载方向改变时,模量会有明显的下降。

　　(2) 破坏面不受初始各向异性的影响,因为后期的加载会逐渐消除这种各向异性。对黏

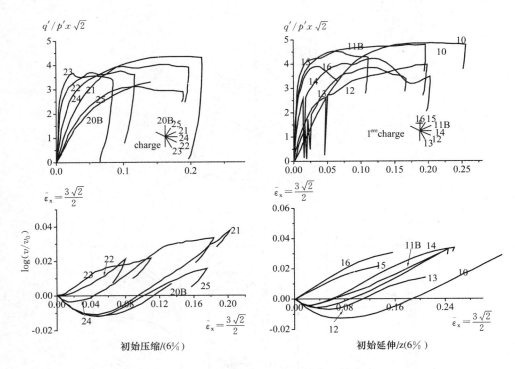

图 9.8　不同中主应力系数下的真三轴试验

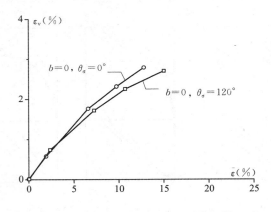

图 9.9　不同主应力轴偏转角下的真三轴试验

土来说,在偏应变程度达到 10% 之后,各向异性土体和各向同性土体表现出来的力学特性几乎相同。

(3) 将各向同性土体的三轴压缩和伸长试验的曲线进行对比分析,可以看出其形状大致相似,但是方向在施加第一次荷载后发生了改变。此外,还可以在试验中看到随动硬化。3% 的初始压缩应变所产生的各向异性要弱于 6% 和 12% 初始压缩应变所产生的各向异性(后两者几乎相同)。对于黏性土,初始各向异性对体积应变的影响不是非常明显。然而对密砂来说,在大主应力方向从各向异性轴旋转到与其正交的轴的过程中,可以看到非常明显的压实现象。

(4) 在加载过程中,偏应变路径的形状显示应变增量的方向有明显的变化。如果不出现应变局部化,那么可以表明最后的应变增量的方向对应于初始各向同性固结土样的应变增量方向。这对各向异性土样是一个很大的修正。特别要说明的是,轴对称应力路径($b_q=0$ 和 1)最初表现出非对称的应变路径,但随后趋于轴对称应变路径(图 9.13 和图 9.14)。

Wood (1973)对正常固结土以及 Lanier (1987)对 Hostun 密砂进行了偏平面上圆形的应力路径试验(p' 和 q 保持常数,而洛德角发生变化)。这些试验的价值在于他们展现土体可以产生偏应变和体积应变的塑性特性之外,还表明了诱发各向异性的影响以及在本构模拟中考虑此特性的必要性。

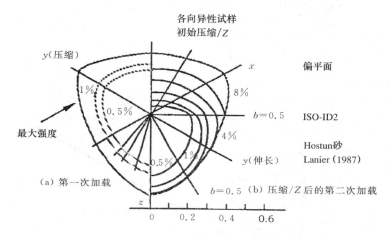

图 9.10 各向同性和各向异性材料真三轴试验的比较(1)

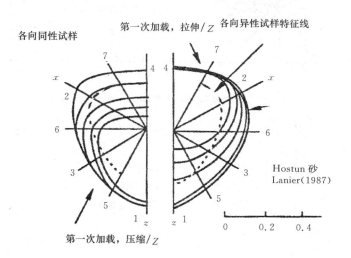

图 9.11 各向同性和各向异性材料真三轴试验的比较(2)

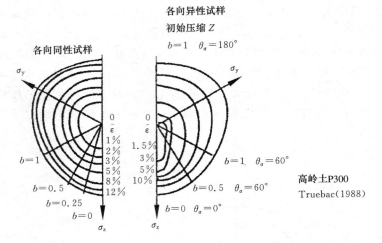

图 9.12　各向同性和各向异性材料真三轴试验的比较(3)

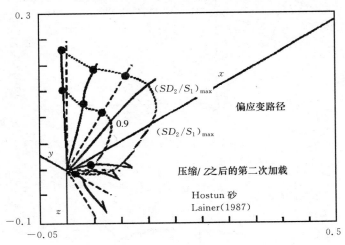

图 9.13　各向同性和各向异性材料真三轴试验的比较(4)

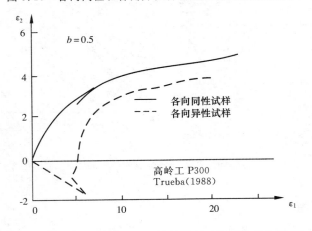

图 9.14　各向同性和各向异性材料真三轴试验的比较(5)

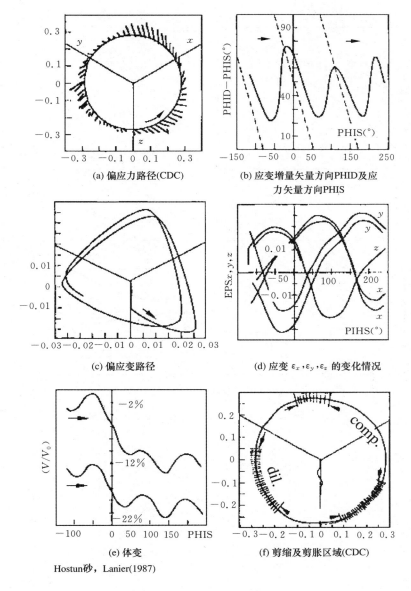

图 9.15　偏平面上圆形的应力路径试验

9.4　主应力轴固定的试验现象

　　我们注意到相对于主应力轴倾斜,材料固结主轴方向的倾斜更容易引起试样的非均质问题。我们需要注意有两个改变土体均质性的试验:中空圆柱土样的扭剪试验和 Wong & Arthur 发明的直剪试验。这是一个可以在竖直平面内控制压应力和切应力的平面应变试验。采用这些仪器进行的砂土试验结果都表明:当大主应力方向偏离材料固结主轴方向时,q-ε 曲线的斜率会有下降(图 9.16);在不排水试验中也能观察到这一现象,即这个过程中当 σ_1' 偏离材料固结主轴时,孔隙水压力会有非常明显的增加(图 9.17)。

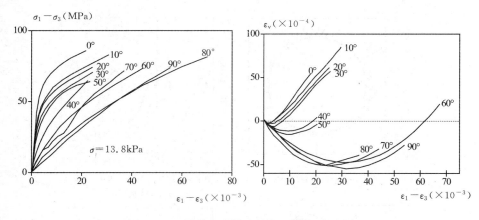

图 9.16 不同主应力轴偏转角下排水剪切试验

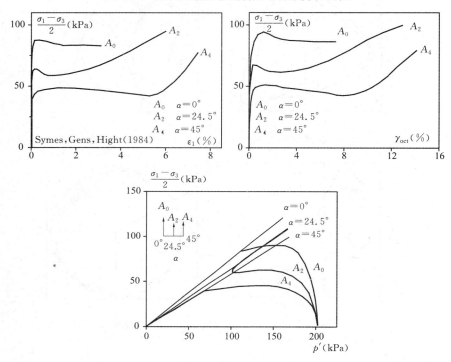

图 9.17 不同主应力轴偏转角下不排水剪切试验

9.5 主应力轴旋转的影响

在 Sture(1987)所做的试验中可以看到主应力轴旋转造成的影响(图 9.18)。对于干砂,初始荷载方向固定,然后采用不同的比较大的 σ'_2/σ'_3 值(常用 4 倍和 6 倍)来使干砂产生各向异性;然后施加一个 σ'_1/σ'_3 值较小的第二级荷载,初始沿着相同的轴线,然后保持 σ'_1/σ'_3 为常数,主应力方向慢慢从 $\theta=0°$ 旋转到 $90°$。这个过程中,出现偏应变 $\varepsilon_1-\varepsilon_3$ 的演化规律,同时伴随着体积的变化,且体积变化的大小和方向取决于 σ'_1/σ'_3 比值的大小;对于比较小的 σ'_1/σ'_3 的值,剪缩比较大。当 $\theta>60°$ 时,固定主应力轴旋转的试验显示土的剪缩在增加。这种现象可以解释为:在初始加载过程中,颗粒之间的接触数量会在压缩区增加,在伸长区减少。在旋转过程中,颗粒接触的方向会重新排列;当大主应力方向对应于伸长线时,这会变得更加明显。

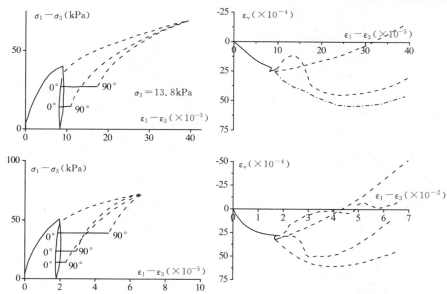

图 9.18　主应力轴旋转剪切试验

Kharchafi(1988)利用中空扭转仪对 Hostun 密砂进行的试验所得的结论和前面的一致。Hostun 密砂首先承受纯扭剪,表现出很大的剪缩;在随后的轴对称压缩过程中,与初始各向同性试样相比,试样表现出较小的刚度。然而,对于受过轴对称预压的土体试样,在扭剪试验中则显示出较小的剪缩和较大的刚度。在第一个例子中,大主应力对应伸长方向;第二个例子中,大主应力对应压缩方向。

Symes 等 (1984)发现在空心圆柱扭剪不排水试验中,保持偏应力不变会出现孔压的增加。Hicher & Lade(1987)对正常固结的各向异性黏土进行了主应力轴旋转和不旋转试验,结果表明:

(1) 无主应力轴旋转时,q-ε 曲线的切线斜率要更大。

(2) 无主应力轴旋转时,在偏应变较小的情况下偏应力就可以达到的最大值。这主要是由于初始各向异性使得正交方向上的土体材料变硬的缘故。

(3) 对于更大的应变,这两条曲线趋于相同的 q-ε 关系。初始各向异性慢慢被诱发各向异性所消除。

(4) σ'_1/σ'_3-ε 关系也具有相似的地方。在大变形下,σ'_1/σ'_3 的值会很有规律的增加到一恒定的值。没有主应力轴旋转的试验曲线总是位于主应力轴旋转试验曲线之上,在小应变情况下更明显,因为小应变下土体的各向异性更加显著。随着应变增加,这两条曲线互相靠近,趋于相同。

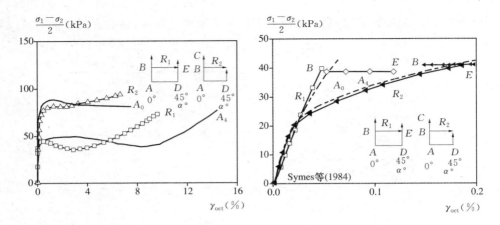

图 9.19　空心圆柱扭剪不排水剪切试验

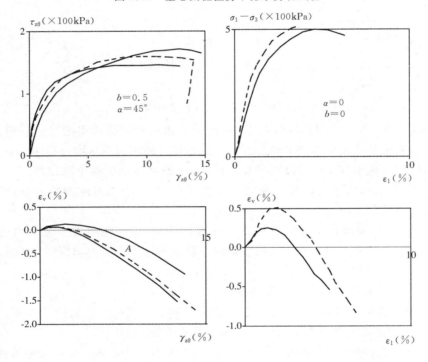

图 9.20　相同试样的主应力轴旋转和不旋转试验对比

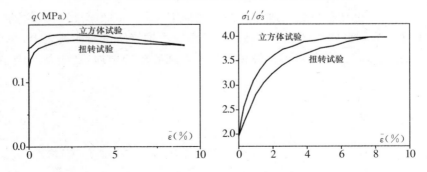

图 9.21　针对不同形状试样的主应力轴旋转和不旋转试验对比

第 10 章　循环动力特性

10.1　各向同性应力路径

一系列连续的加载和卸载会产生累积的压缩变形,当材料是初始各向异性时,上述现象会更加显著。对于循环次数一定时,压缩会随着各向同性应力幅值的增大而增大。

10.2　三轴排水路径

1. 单向循环动力试验

单向循环动力试验是偏应力 q 在 0 和 q_c 之间变化的试验。单向循环动力试验表明在第一个循环之后会产生显著的塑性变形。之后,循环会基本保持着相同形状沿着 ε_1 轴向前累积。

图 10.1 和图 10.2 分别是 Doanh(1984)在黏土和 Franco Vilela (1979)在砂土上获得的试

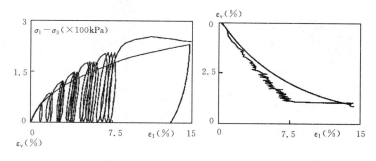

图 10.1　多次不同幅值的黏土循环动力响应

验结果。无论对于黏土还是砂土(图 10.1 和图 10.2),第一次加载后产生的塑性变形非常重要。很明显,即使塑性变形在继续,第一次出现的塑性变形仍要占据循环所产生的塑性变形的主要部分。如果在一个或者几个循环后到达相同循环的最大应力值,然后停止循环加载而只做静力加载,可使得应力继续增加,在应力-应变曲线上会出现一个弯曲点。当应力幅值超过先前循环过程中的最大值时斜率会出现明显减小,随后的循环将导致滞回圈的斜率更大。

因此有理由认为:在屈服面内也有塑性应变,不过幅值很小;循环荷载对屈服面有个"记忆效应",可以用循环应力幅值的最大值来描述。这便成了和过去经常用来定义加载面的先期固结压力 p'_ic 类似的一个记忆参数。它的增加和塑性累积应变有直接关系。

相对于以静力试验为主(一般 $q/p' < M$)来定义的剪

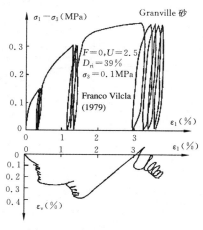

图 10.2　多次不同幅值的
砂土循环动力响应

缩,在循环动力下土体体积变化取决于应力路径的位置,即应力或应变幅值的大小。如果应力路径完全在此压缩区域内,即使对于初始很密实的材料,循环也将产生明显的累积压缩。如果在每次循环过程中超过了此压缩区域的边界,将会出现一段时间为剪缩,随后一段时间为剪胀。正如 Luong(1980)所说,如果平均循环路径落在拟弹性区域内,循环加载将产生压缩变形;反之,将会产生剪胀。

2. 双向循环三轴试验

此类型试验的每一个循环中,由交替的轴对称压缩和伸长组成,包括大主应力在主应力方向上突然转换 $90°$ 而变成小主应力。试验结果所表明的主应力旋转的影响揭示了,当应力接近于各向同性状态和在剪缩为主导应力面内时,考虑主应力轴旋转将倾向于产生压缩变形。双向循环试验证实了上述分析,而且不论循环应力的幅值和平均水平多大,累积的压缩变形总是会出现。图 10.3 和图 10.4 展示了从砂土和黏土上获得的试验结果,可以和前面的试验结果相对比。对于在同一应力幅值下相同的循环次数,双向循环试验下土体的最终密度要比单向循环试验大一些。就正常固结土来说,双向循环试验下土体的体积变化是单向试验的两倍。Fry(1971)也得到过与上述相似的结论,如图 10.5 所示。

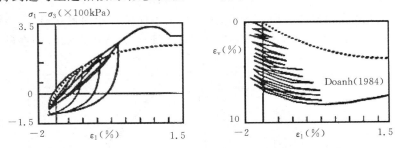

图 10.3　正常固结黏土的双向循环动力试验结果

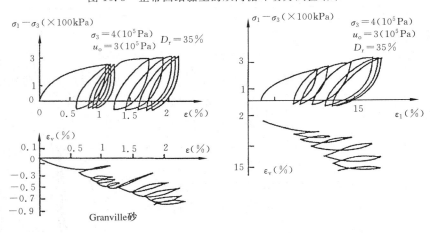

图 10.4　砂土的双向循环动力试验结果(Franco Vilela 1979)

在双向循环动力载荷下,应力-应变曲线的形状可能会发生改变。对于每一循环,不再是滞回环那样简单的沿着 ε_1 轴向前平移,而是在前进的过程中斜率有所改变。应变控制试验也有类似的结果。由于每个循环后材料的密度都在增加,因此每个循环的压缩或伸长的最大应力也在增加。从体积变形上的变化可以明显看出一个以临界 q/p' 值为边界的剪缩区域(压缩和伸长都有),超过此区域就会出现剪胀(图 10.6)。

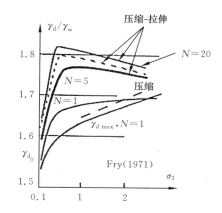

图 10.5　砂土的双向三轴循环动力试验结果

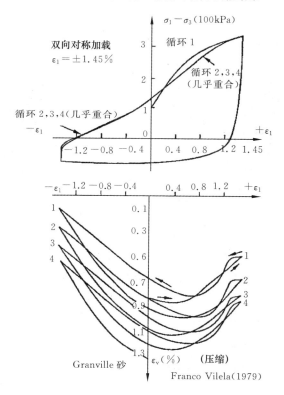

图 10.6　砂土的双向三轴循环动力试验结果

10.3　主应力轴旋转的影响

Wong & Arthur(1986)采用松砂单剪试验,在试验中保持 σ_1'/σ_3' 比值和旋转角 θ 的变化范围不变,来循环交替地改变 σ_1' 和 σ_3' 的应力轴。图 10.7 为试验所获得的体积变化。对于 $\theta=30°$,变化不明显。对于 θ 为 55° 和 70°,他们在试验中每个循环中都获得了很明显的剪缩。

Ishihara & Tohwata(1983)采用空心圆柱扭剪试验,控制 p' 和 q 恒定,不断在 $-45°$ 和 $45°$ 之间循环改变主应力轴的方向。从图 10.8 可以看出砂土土样累积的压缩变形,并且伴随着循环强化($\tau - \gamma$)的出现。Saada & Puccini(1987)在 Hostun 和 Reid Bedford 密砂上所做的中空扭剪试验也发现了类似上述的现象。由此可以看出,主应力方向的循环偏转可以在土体上产出明显的体积变化,体积变化导致土体密实度的改变又会伴随着应力-应变关系的改变(强化或弱化)。

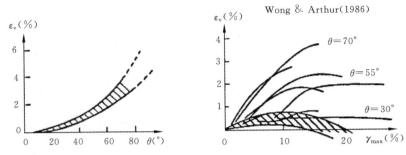

图 10.7   松砂直剪试验

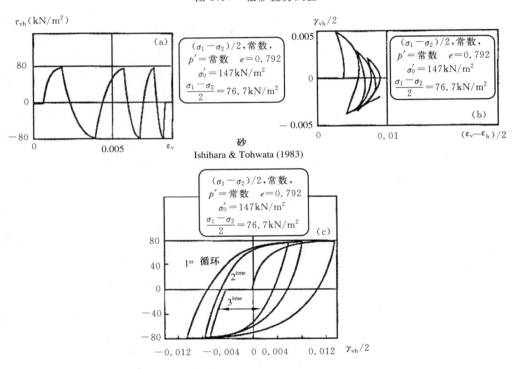

图 10.8   砂土的空心圆柱扭剪试验

10.4   不排水剪切路径

在不排水条件下的剪切变形过程中,超孔隙水压力的变化取决于土体是趋向于剪缩还是剪胀。

在前面的章节我们可以看到,砂土在排水循环剪切试验中密度会增加,即剪缩。相应的,在不排水条件下就体现在超孔隙水压力的增加。如果超孔隙水压力增大到某种程度,会让土体完全失去有效应力,发生液化现象(图 10.9 和图 10.10)。

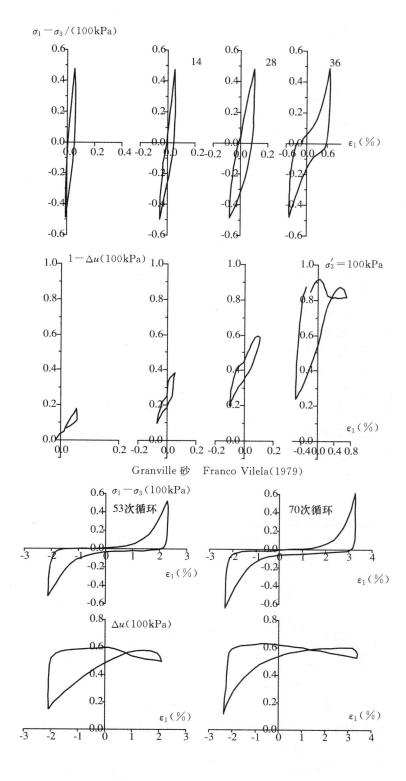

Granville 砂　Franco Vilela(1979)

图 10.9　砂土不排水循环剪切试验

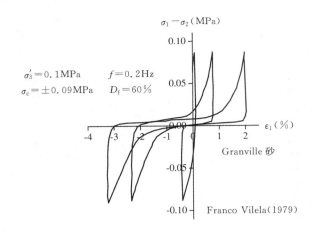

图 10.10　砂土不排水循环剪切试验结果

图 10.11 为砂土在液化试验中的一些特性。这个过程可以分解为以下三个阶段：① 小循环应变阶段，孔压持续增加；② 应力路径达到稳定状态线，这个阶段孔压继续增加，循环应变加速产生，并且循环产生了一个阶梯形的形状；③ 应力路径变得稳定。每个循环中应力到达零有效应力点附近，孔压周期性变化，产生大变形直至破坏。

这里存在一个所谓的液化区域，在这个区域里的变形和零有效应力有关。以此来解释 q-ε_1 曲线上的 $q=0$ 的平缓部分或者是材料的刚度非常小时的 q-ε_1 曲线的原点一侧。

液化只会发生在双向循环试验中。单向试验也可以使超孔隙水压力增加，但是会在液化发生前就趋于平稳。砂土是否会发生液化受很多因素的影响：①相对密实度（D_r），D_r 越大就需要越多的循环次数来使砂土发生液化；②平均有效应力；③循环应力的大小；④颗粒级配，颗粒大小一致的砂土容易发生液化。

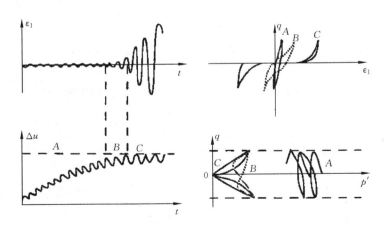

图 10.11　砂土不排水循环剪切试验——砂土液化

对于黏土，在循环荷载下超孔隙水压力会一直增加，直至循环应力路径达到临界状态状态线 $q=Mp'$。在这点上应变会增加到很大而且土体一般会发生破坏（图 10.12 和图 10.13）。

曾经也有学者在不排水试验上研究主应力轴旋转的影响。Hicher & Lade(1987)在各向异性黏土上考虑应力轴的各向异性分别做了有应力轴偏转和没有偏转的循环动力试验。在三轴剪切试验和空心圆柱扭剪试验上施加相同的循环应力幅值，并且空心圆柱扭剪试验上含有

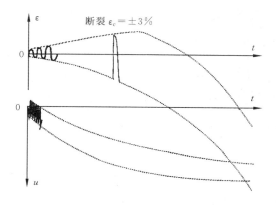

图 10.12 黏土不排水循环剪切试验结果(1)

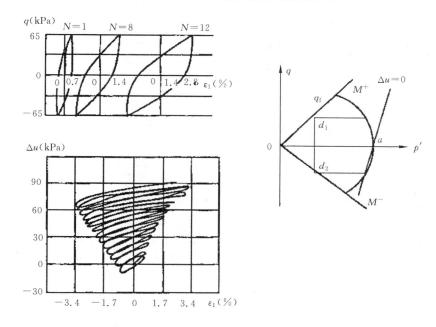

图 10.13 正常固结黏土不排水循环剪切试验结果(2)

大小主应力的旋转(图 10.14)。总的来说,主应力轴偏转会引起超孔隙水压力的增加,同时伴随着应变的增加。Symes 等(1984)从不排水空心圆柱扭剪试验中发现,由于主应力偏转诱发的超孔隙水压力足以让试样发生破坏(图 10.15)。

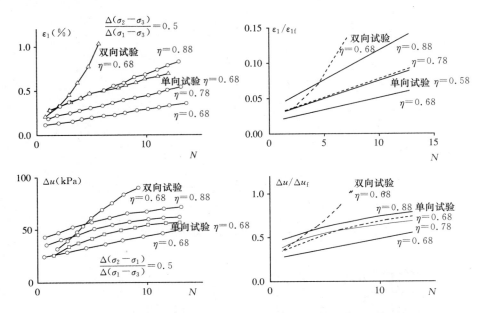

图 10.14　不同试验条件下黏土不排水循环剪切试验结果

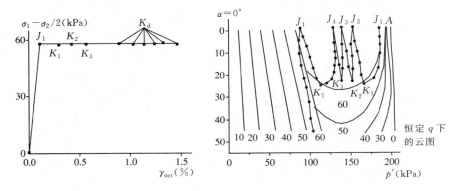

图 10.15　不排水空心圆柱扭剪试验-主应力轴偏转效应

第 11 章 小应变刚度特性

11.1 割线模量

土木工程中的应变通常小于 10^{-2}，道路下的应变通常小于 10^{-4}，而由振动引起的应变一般小于 10^{-5}。

由于标准三轴试验装置不能用来研究应变小于 10^{-2} 的材料特性，因此有必要进行仪器改装，如使用围压室中带有传感器的实验装置（图 11.1），让传感器与土样侧面直接接触，进而可以测量小应变范围内的应力应变数据，满足对小应变刚度特性的研究。

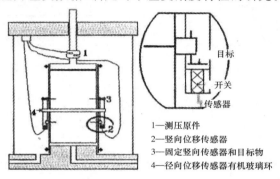

1—测压原件
2—竖向位移传感器
3—固定竖向传感器和目标物
4—径向位移传感器有机玻璃环

图 11.1　用于小应变试验的修正三轴测量装置

为了便于描述试验结果，对于应变小于 10^{-2} 的试验，常使用对数坐标。

可以通过三轴试验来确定割线模量（$E_{\text{sec}} = q/\varepsilon_1$，图 11.2）。试验结果表明模量随着 ε_1 减

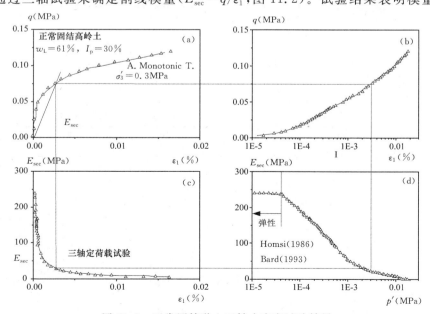

图 11.2　正常固结黏土三轴小应变试验结果

小而增大。当应变小于 10^{-5} 时,模量为恒定值($=E_e$),可看作是应力路径的弹性极限。而各向同性压缩或 K_0($=\sigma_3/\sigma_1$)固结应力路径下的弹性极限模量要更大。

对于不同的围压,q-ε_1 和 E_{sec}-ε_1 关系图如图 11.3 和图 11.4 所示。总的来看,不同的围压和孔隙比条件下三轴试验的 E_{sec}-$\log\varepsilon_1$ 和 E_e-$\log\varepsilon_1$ 关系较为一致。不同轴向应变下对应的 E_{sec}-$\log p'$ 图表明割线模量随 p'^n 变化,且随着轴向应变的增加指数 n 在 0.7 到 1.0 范围内变化。

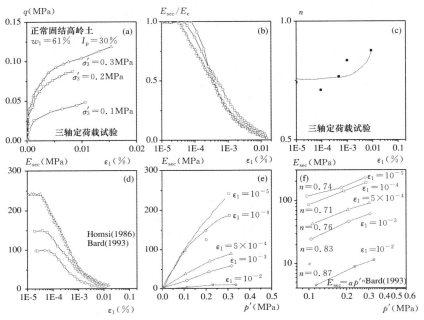

图 11.3　不同围压下正常固结黏土三轴小应变试验结果

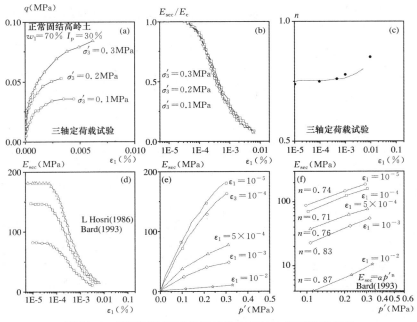

图 11.4　不同围压下正常固结黏土三轴小应变试验结果

11.2　非线性弹性

模量的最大值 $E_{\max}$ 可以取为弹性模量 E_e（图 11.3 和图 11.4）。对于给定的土样和围压一定的土样在单调和循环应力路径下量取的 $E_{\max}$ 同样可以取为 E_e。模量随着围压的增大而增大。

对于黏土弹性模量 E_e 的指数 n 大约在 $0.7 \sim 0.9$ 之间（图 11.3 和图 11.4）。这与 Hertz 定律是一致的，比砂土和砾石得到的标准值 0.5 要大，因为当固结压力增加时正常固结黏土的孔隙比的变化要比砂土和砾石的要大。可以进一步总结出，指数 n 随 w_L 增加（图 11.5）。此外，还可以通过画图法得到孔隙比 e 与弹性模量 $E/p'^{0.5}$ 的关系（图 11.6）：$E/p'^{0.5} \approx 450/e$，当 $w_L < 50\%$ 时；$E/p'^{0.5} \approx 300/e$，当 $w_L \approx 100\%$（E 和 p' 的单位是 MPa）时。

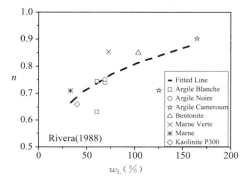

图 11.5　指数和液塑限的关系

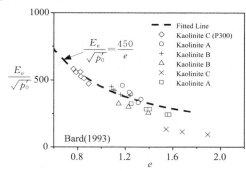

图 11.6　弹性模量和孔隙比的关系

11.3　双曲线法得到的模量

邓肯-张已经在许多工程应用中给出了 $q\text{-}\varepsilon_1$ 双曲线关系的实际值。他用双曲线拟合应变范围在 $10^{-2} \sim 10^{-1}$ 的三轴试验的应力-应变曲线。这一应变范围内，标准的三轴试验装置可以达到相应的精度。可在双曲线的起点定义切线模量 E_{th}，如图 11.7 所示。这个切线模量没有实际的物理意义，但是在应变约为 10^{-3} 时可以近似割线模量，这一应变控制着许多工程应用特性（图 11.8）。另一方面，如有需要，可以调整双曲线到满足应变 10^{-4} 的范围。定义一个

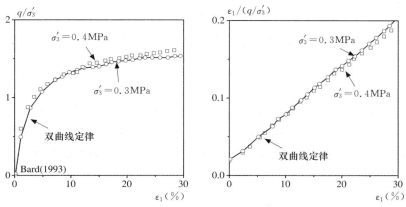

图 11.7　双曲线法拟合应力-应变关系

好的调整双曲线的规则可以更好地通过外推应力-应变曲线至原点来获得明显的切线模量。

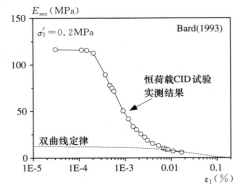

图 11.8 双曲线法和实际测量的比较

对于正常固结黏土，在应变范围 $10^{-2}\sim10^{-1}$ 内，双曲线法同样适用于体积变化 ε_v 或 e。在双曲线的原点可得切线泊松比，可以看作是割线泊松比。通过对比发现，对非线性弹性，泊松比大概是应变为 10^{-5} 时的 $1/4$（图 11.9）。

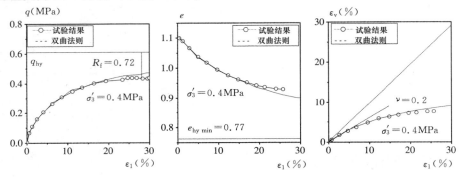

图 11.9 双曲线法分析试验结果

11.4 对比侧限压缩路径和三轴试验路径

对于侧限压缩试验，正常固结特性由如下关系表示：

$$e=e_0-C_c\log(\sigma'/\sigma'_0) \tag{11.1}$$

对于一给定的应力 σ'，固结模量由上式定义为：

$$E'_{oed}=2.3\frac{(1+e)}{C_c}\sigma' \tag{11.2}$$

对于三轴应力路径，割线模量随着 ε_1 和 q/p' 增大而减小。三轴割线模量可以与 $K_0=(\sigma'_h/\sigma'_v)$ 侧限压缩固结得到的固结模量做对比。同样可以发现应变大约为 10^{-2} 时，泊松比不足 0.1。如果弹性关系下的模量可以等效，那么三轴割线模量和压力的比值（E'_{sec}/p'）与固结试验模量的值（E'_{oed}/p）基本一致。

$$E'_{oed}=E'_{sec}\frac{(1-\nu')}{(1+\nu')(1-2\nu')} \tag{11.3}$$

11.5　超固结度的影响

弹性特性表明在 q-ε_1 平面内通过单调加载和循环加载得到的最大弹性模量没有差别。依赖于平均应力 p' 的弹性模量 E_e 将平均应力的指数提高到了 0.5。试验得到的数据发现 $E_e/p'^{0.5}$ 随着相对密度和超固结程度的增加而增大（图 11.10）。

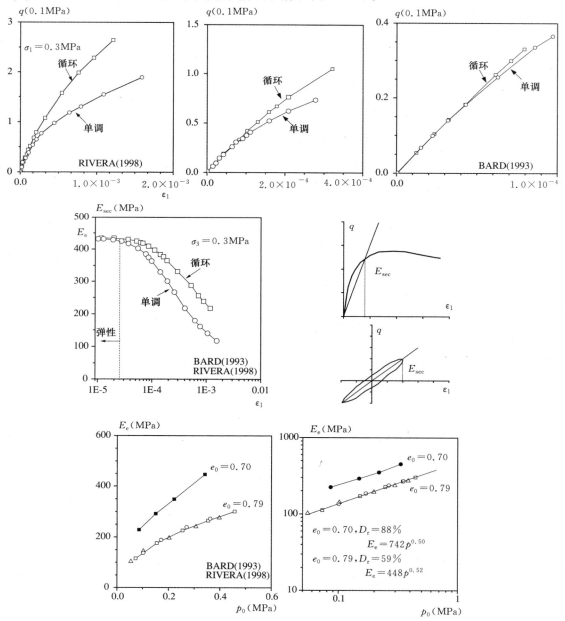

图 11.10　相对密度和超固结比对小应变特性的影响

对于给定的应力，土样的割线模量随着平均应力的增加而增加，平均应力的指数 n 随着应变的增加而变大（图 11.11）。这同样适用于道路的铺垫骨料。

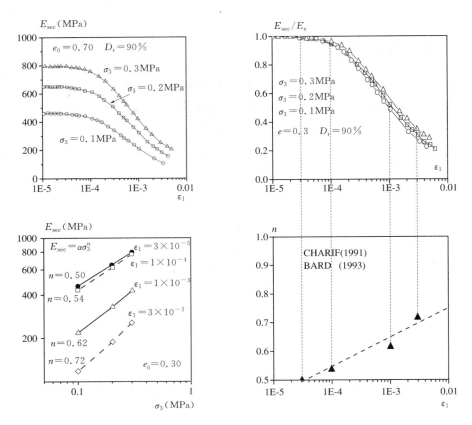

图 11.11　指数 n 和应变水平的关系

除了弹性模量 E_e 随着 p'^n 的增加而增加之外，指数 n 在相同孔隙比试验下为 0.5（图 11.12），上述关系对黏土也同样适用。因此，得出如下适用于大部分土体的公式（图 11.13）：$E_e/p'^{0.5}=450/e$，如果 $W_L<50\%$，其中 E 和 p' 的单位为 MPa。这个结果与 Hardin 和 Drnevich（1972）得到的关系类似。

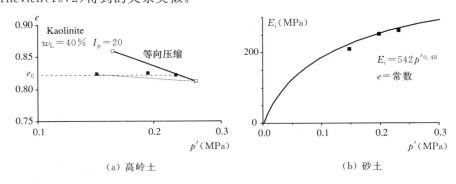

（a）高岭土　　　　　　　　　　（b）砂土

图 11.12　砂土和黏土的试验结果比较

施加不同初始应力的共振柱试验研究也得到了类似的结果（Boelle，1982）。对于砂土，动荷载模量和静荷载模量没有显著的不同（图 11.14）。细微的不同常常是由于在动荷载试验中变形非常小，测量的是切线模量，而静荷载试验中变形较大，测量的是割线模量。而对于黏土，模量随着应变速率的增加而增加，这是由于黏土的流变特性所致。

Rivera（1988）（图 11.14）通过共振柱试验得到的模量值略小于静荷载试验得到的模量值，

这或许是没有考虑各向异性的细微差别所致。

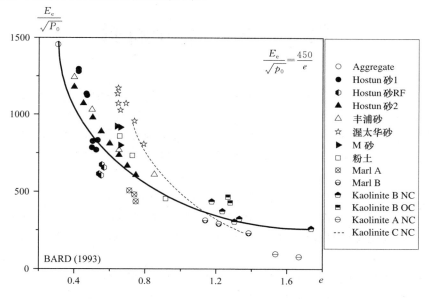

图 11.13　不同土体的试验结果比较

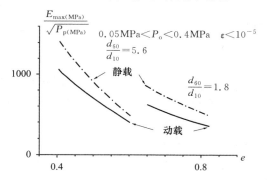

图 11.14　砂土静荷载和动荷载试验结果

第 12 章　流变特性

不同种类的室内试验和原位观察均表明土具有时效特性,特别是细粒土。如果我们忽略由于此颗粒级别上的物理化学反应造成的老化影响,从宏观上讲流变特性有两点:固结过程中的孔隙水压力消散和材料成分的黏性性质。这两种现象作用在一起,很难将它们的影响分离开来。通常假设孔隙水压力的消散是控制初始固结阶段的主要因素,称为主固结;黏性影响主要主导着第二阶段,称为次固结。

细粒土的黏性特性主要和土的内部结构有关,特别是吸水特性。当外部荷载施加到土单元上后,会有一个显著的黏性收缩到摩擦收缩的传递过程,通过时效特性在宏观层面上显示了土的特性。考虑到此现象对黏性土的刚度和强度的重要性,有必要将此现象精确地考虑到工程建设模拟过程中去。

细粒土的黏性特性已经成为很多试验及数值工作的研究课题。实验室试验主要由固结试验和三轴试验组成。在本章中,我们仅综合讨论一些体现土的时效特性的试验结果。

12.1　应变速率影响

图 12.1 是蒙脱石质黏土在三个应变速率下的不排水三轴剪切试验结果(Hicher 1985),速率分别为:$1.5 \times 10^{-4}/s$,$6 \times 10^{-6}/s$,$6 \times 10^{-7}/s$。我们可以看到在任何一个应变水平上速率的增加都会引起偏应力的增加。将结果绘于 ε_1-q/q_{max} 图上,表明了任何应变水平下的应变速率对偏应力的影响在数量上是相同的。q_{max} 和 $\log \varepsilon_1$ 在应变 $10^{-3}/min < \varepsilon_1 < 10^2/min$ 范围内是直线关系(图 12.2)。对于比较小的应变速率,最大强度 q_{max} 最会收敛于一恒定的值,这代表黏性土的长期强度值。当应变速率增大 10 倍时,最大强度的增加的幅度一般为 $4\% \sim 12\%$(重塑土)和 $6\% \sim 16\%$(原状土)。

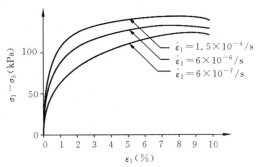

图 12.1　蒙脱石质黏土在三个应变速率下的不排水三轴剪切试验结果

多阶段应变速率三轴试验也可以描述应变速率的影响。图 12.3 是 Graham 等(1983)天然黏土三轴试验的结果。应变速率的突然改变会引起试验土体应力-应变关系的改变,并且此应力-应变关系逐渐趋于相应的从试验一开始就施加常应变速率所得到的应力-应变关系。对于给定一种土,这个类型的试验可以测量应变速率的影响,无论是重塑土还是天然原状土。

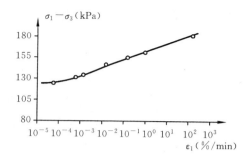

图 12.2　不排水抗剪强度与轴向应变率之间的关系

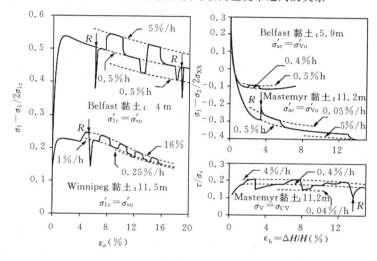

图 12.3　天然黏土不同应变速率的三轴试验的结果

　　有效应力路径也受到应变速率的影响(图 12.4)。然而,破坏标准 $q_{max}=Mp'$ 看起来不受应变速率的影响。其他学者在排水和不排水条件下也得出了内摩擦角不受应变速率影响的结论(Yin 2006)。在排水的情况下,仅有很小一部分试验探索应变速率的影响是可行的,这是由于这类试验的持续时间非常长。

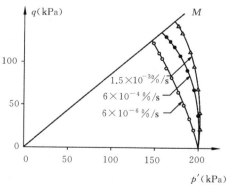

图 12.4　应变速率对应力路径的影响

12.2 蠕变规律

1. 固结蠕变试验

试验结果表明在各向同性次固结试验中蠕变应变的幅值一般都很小,例如在恒定的有效应力下。在各向异性固结试验中,蠕变应变比较大,而且随着偏应力的增大而增大。固结仪试验表明在次固结阶段,孔隙比和时间对数之间呈直线关系。直线的斜率称作 C_a。Jamiolowsky(1979)认为此参数不受时间、荷载增量、试样尺寸的影响。Mesri 等 (1977)还表明 C_a 是加载历史的函数,特别是超固结程度的函数(图 12.5)。在正常固结阶段,C_a 可以认为是定值,对于矿物质黏土来说比值一般在 0.03~0.05 之间。

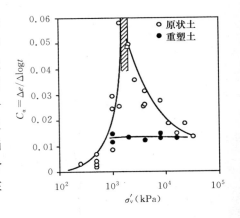

图 12.5 原状土和重塑土的次固结系数随固结压力的变化规律

压缩指数早已被发现和时间无关。图 12.6 就是固结压力随应变速率的增加而增加的例子,这种关系可以写成以下形式:

$$\frac{(\sigma'_p)_t}{\sigma'_p)_t 0} = \left(\frac{t_0}{t}\right)^{\frac{C_a}{C_c}} \quad \text{或者} \quad \frac{(\sigma'_p)_\varepsilon}{(\sigma'_p)_{\varepsilon0}} = \left(\frac{\varepsilon}{\varepsilon_0}\right)^{\frac{C_a}{C_c}} \tag{12.1}$$

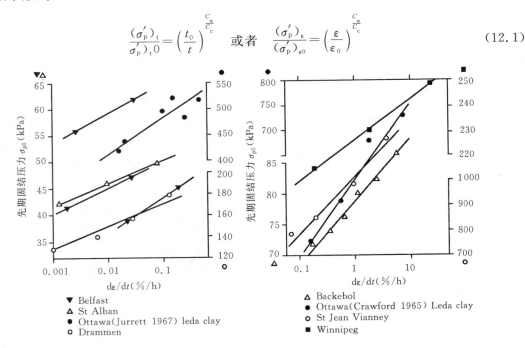

图 12.6 不同应变速率下的先期固结压力

我们可以将试验数据和 Bjerrum 图表直接联系起来(图 12.7,Bjerrum 1967)。在次固结阶段孔隙比的减小相当于在遭受应力增量时给材料一种超固结特性。材料密度的增加驱使材料发生硬化,同时改变蠕变阶段的弹性界限。

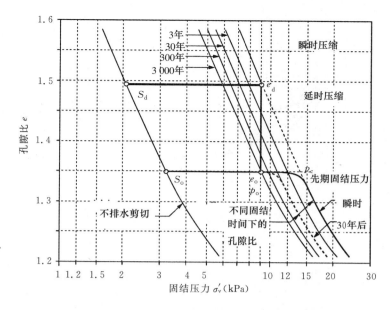

图 12.7 不同时间压缩线

2. 三轴排水蠕变

三轴排水蠕变试验显示的是体积应变和偏应变随时间的变化关系。在蠕变阶段,正常固结土表现出剪缩特性(图 12.8,Shibata 等 1969),而强超固结土随时间发展表现出剪胀特性(Akai 等 1975)。

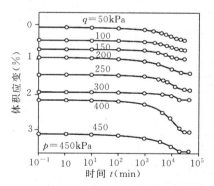

图 12.8 蠕变阶段体积应变随时间的变化关系

如图 12.9 所示,在蠕变试验中,可以观察到应变随时间变化的三个阶段:① 应变速率下降的主蠕变阶段;② 应变速率不变的次蠕变阶段;③ 应变速率增加的第三蠕变阶段。

主蠕变阶段总是存在施加恒定应力后的一段时间内。第三蠕变阶段仅存在提高应力水平直至试样破坏的阶段。在排水蠕变试验中,看起来只有应力接近材料的最大强度才出现第三蠕变阶段(图 12.10,Bishop & Lovenburry 1969)。次蠕变阶段的存在依赖于材料的特性以及应力水平的大小。大部分导致破坏的试验表明会从主蠕变阶段直接变化到第三蠕变阶段,而不会出现次蠕变阶段。

Singh & Mitchell (1968)还提出了在排水或者不排水蠕变试验中轴向变形和消散时间之间的关系:

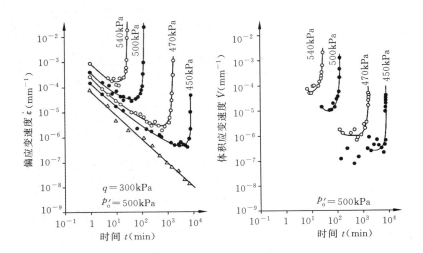

图 12.9　蠕变阶段偏应变速率及体积应变速率随时间的变化关系

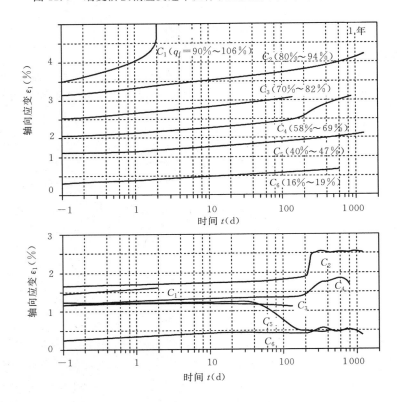

图 12.10　蠕变阶段轴向应变随时间的变化关系

$$\dot{\varepsilon}_1 = A e^{\alpha q} \left(\frac{t_i}{t} \right)^m \tag{12.2}$$

其中 α，m 和 A 都是土体参数。它们不是土体的固有参数而是依赖于路径。这个关系常常被用来描述主蠕变阶段（图 12.11）。Tavenas 等(1978)通过将体应变和偏应变分开,总结了 Singh-Mitchell 的关系。他们提出了以下关系：

$$\dot{\varepsilon}_v = f(\sigma')\left(\frac{t_i}{t}\right)^m, \quad \dot{\varepsilon}_d = g(\sigma')\left(\frac{t_i}{t}\right)^m \tag{12.3}$$

通过上述两个公式,我们可以推导出流动法则,得出流动法则不依赖时间的结论。

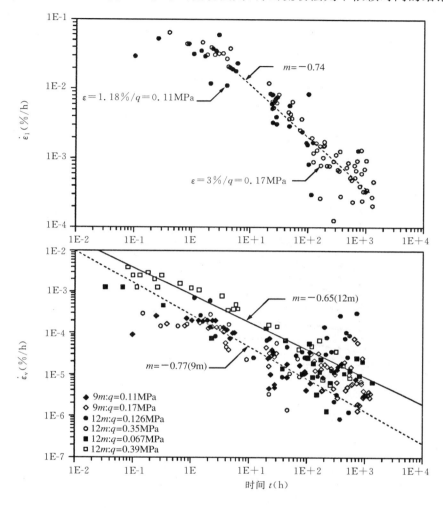

图 12.11　排水蠕变过程中主蠕变阶段的应变速率随时间的变化关系

3. 不排水蠕变

　　不排水蠕变试验就是将偏应力施加于试样,并且在不排水条件下随时间保持不变。正如孔压随时间变化一样,有效应力也随着时间变化。不排水条件下,"蠕变"一词在严格意义上讲是不对的,因为有效应力不能保持不变,但是众多此类的试验结果是可用的,同样可以显示出土样的黏性特性。图 12.12—图 12.15 是正常固结蒙脱石的试验结果(Hicher 1988)。结果显示了主蠕变阶段的存在,并且可以适当地用 Singh-Mitchell 的关系来描述,此外还有高偏应力值下的第三蠕变阶段。同时我们可以观察到孔压随时间的增加,导致平均有效应力的下降。当有效应力路径到达临界状态 $q=Mp'$ 时,会出现大变形的发展,这也证实了用有效应力的破坏条件是不依赖于时间的。

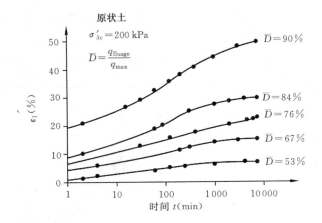

图 12.12　轴向应变随时间的变化关系

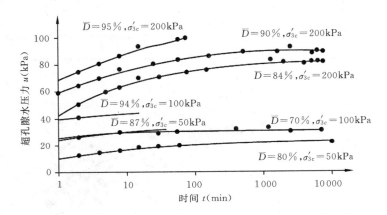

图 12.13　超孔隙水压力随时间的变化关系

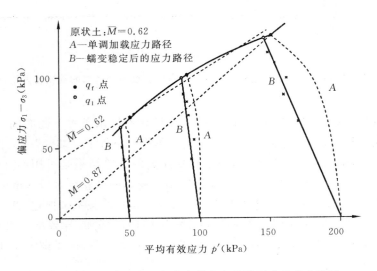

图 12.14　蠕变稳定后的应力状态点连接而成的应力路径

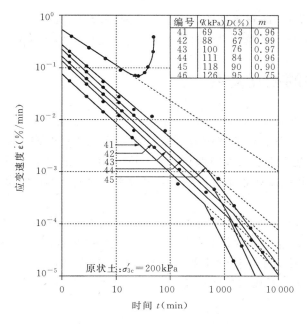

图 12.15 轴向应变速率随时间的变化关系

12.3 应力松弛现象

相对于蠕变试验,应力松弛试验的结果较少。图 12.16 展现是从蒙脱石得到的试验结果(Hicher 1985)。在这三个试验中,首先在不排水条件下施加轴向应变,并且保持应变速率等于 6×10^{-6}/s 不变。我们可以观察到偏应力随时间下降。偏应力的下降起初与 $\log(t)$ 成比例关系,随后当时间大于 700min 后变得很小。Fodil 等(1997)在正常固结天然土的排水应力松弛试验中得到了相同的结论(图 12.17)。

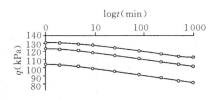

图 12.16 偏应力随时间的变化关系

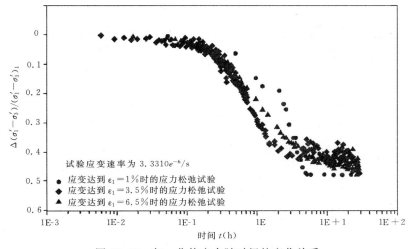

图 12.17 归一化偏应力随时间的变化关系

结果表明偏应力随时间下降,对于初始加载时应变速率较高的情况,应力松弛量 $\Delta q/q$ 也比较高,且独立于施加的应变。试验结果同时还证实了黏性的影响不依赖于应力和应变水平。

12.4 时效特性的相互关系

考虑不同应力路径,将所有从蒙脱石得到的试验结果绘集在 p'-q 平面上(图 12.18,Hicher 1985,1988)。所有在蠕变和应力松弛试验中稳定的应力路径都变成了同一条曲线,形状类似于从常速率加载不排水试验中得到的路径那样,而且都位于不排水路径的左边。我们可以假定此曲线代表黏土不排水条件下的长期强度特性和 $q=Mp'$ 的交点代表长期强度的最大值。

此外,对于给定的应变速率,还发现了 q-ε_1 的归一化关系。如果将试验结果画在 $q/q_{\max}$-ε_1 图上,这里 $q_{\max}$ 代表给定速率下的最大强度,所有的试验结果都成为一条曲线,且不依赖于时间,这样可以允许我们独立于黏性性质来描述弹塑性特性。即可以通过对时间无关的参考特性来研究。把应力应变关系按与时间相关和无关分成两部分,对开发黏性材料本构模型的角度来说是有意义的。

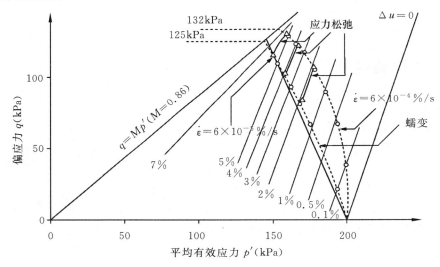

图 12.18 不同应变速率、蠕变及应力松弛试验的稳定应力路径比较

参考文献

[1] AI Issa，M. Recherche de lois contraintes déformations des milieux pulvérulents[D]. Th. Doct. Ing. , Universit de Grenoble,1973.

[2] Akai，K. , Adachi，T. , Ando，N. Existence of a unique stress-strain-time relation for clays[J]. Soils and Foundations, 1975(15):1-16.

[3] Bard，E. Methode d'analyse des lois de comportement des sols[D]. Th. Doct. , Ecole Centrale de Paris,1993.

[4] Becker，E. , Chan，C. K. & Seed，H. B. Strength and deformation characteristics of rockfill materials in plane strain and triaxial compression tests[D]. Rep. No. TE 72-3, Dept. Civil Eng. , Berkeley,1972.

[5] Biarez，J. Contribution à l'étude des propriétés mécaniques des sols et des matériaux pulvérulents[D]. Th. Doct. ès Scies. , Universitéde Grenoble,1962.

[6] Biarez，J. Anisotropie mécanique et géométrique des milieux pulvérulents[C]. 4th Int. Conf. on Rheology, Brown Univ. , Providence, 1963:223-248.

[7] Biarez J. ,Favre，J. L. Table ronde sur les corrélations de param tres en mécanique des sols[D]. Ecole Centrale de Paris,1972.

[8] Biarez，J. & Favre，J. Parameters filling and statistical analysis of data in soil mechanics[C]. Proc. 2 Int. Conf. Appl. Stat. Prob. 1975:2, 249-264.

[9] Biarez，J. & Favre，J. Statistical estimation and extrapolation from observations[D]. Rep. to Spec. Session 6. IX ICSMFE. 1977:3, 205-209.

[10] Biarez，J. & Hicher，P. -Y. Simplified hypotheses on mechanical properties equally applicable to sands and clays[M]. Constitutive equations for granular non-cohesive soils. Balkema, Rotterdam,1987.

[11] Biarez，J. & Hicher，P. -Y. An introduction to the study of the relation between the mechanics of discontinuous granular media and the rheological behaviours of continuous equivalent media Application to compaction[C]. Proc. Powders & Grains, 1989: 89, 1-13.

[12] Biarez，J. & Wiendieck，K. La comparaison qualitative entre l'anisotropie m canique et l'anisotropie de structure des milieux pulvérulents[J]. CR Acad. Sci. , 1963:256, 1217-1220.

[13] Bishop，A. W. A large shear box for testing sands and gravels[C]. Proc. 2nd Int. Conf. on Soil Mech. and Foundation Engrg. , Rotterdam,1948.

[14] Bishop，A. W. & Eldin，A. The effect of stress history on the relation between internal friction angle and porosity in sand[C]. Proc. 3rd Int. Conf. on Soil Mech. and Foundation Engrg,1953.

[15] Bishop，A. & Henkel，D. The Measurement of Soil Properties in the Triaxial Test

[M]. Edward Arnold, London, 1962:90-92.

[16] Bishop, A. W. , Lovenburry, H. T. Creep characteristics of two undisturbed clays [C]. Proc. VII ICSMFE, Mexico City, 1969.

[17] Bishop, A. , Webb, D. &. Skinner, A. Triaxial tests on soil at elevated cell pressures [C]. Proc. 6th Int. Conf. Soil Mech. and Foundation Engrg. , Mexico City, 1965:21-28.

[18] Bjerrum, L. Engineering geology of Norwegian normally consolidated marine clays as related to the settlement of buildings[J]. Géotechnique, 1967:17, 83-118.

[19] Boelle, J.-L. Mesure en régime dynamique des propriétés mécaniques des sols aux faibles déformations[D]. Th. Doct. Ing. , Ecole Centrale de Paris, 1983.

[20] Bouvard, D. Rhéologie des milieux pulvérulents: étude expérimentale et identification d'une loi de comportement[D]. Th. Doct. Ing. , Université de Grenoble, 1982.

[21] Cambou, B. Compressibilité d'un milieu pulv rulent. Influences de la forme et de la dimenstion des particules sur les propriétés mécaniques d'un milieu pulvérulent[D]. Th. Doct. Spéc. , Universitéde Grenoble, 1972.

[22] Cambou, B. Approche du comportement d'un sol considéré comme un milieu non continu[M]. Th. Doct. ès Scies. , Université Claude Bernard, Lyon, 1979.

[23] Charif, K. Contribution àl'étude du comportement mécanique du b ton bitumineux en petites et grandes déformations[D]. Th. Doct. , Ecole Centrale de Paris, 1991.

[24] De Beer, E. Influence of the mean normal stress on the shearing strength of sand[J]. Proc. 6th Cong. Int. Meca. Sols Trav. Fond. , 1965: Montreal 1, 165.

[25] Desrues, J. La localisation de la déformation dans les matériaux granulaires[D]. Th. Doct. ès Scies. , Université de Grenoble, 1984.

[26] Doanh, T. Contribution à l'étude du comportement de la kaolinite[D]. Th. Doct. , Ecole Centrale de Paris, 1984.

[27] Duncan, J. M. &. Buchignani, A. L. An engineering manual for settlement studies [M]. Dept. Civil Eng. University of California, Berkeley, 1976.

[28] Duncan, J. M. &. Chang, C. Y. Nonlinear analysis of stress and strain in soils[J]. J. of Soil Mechanics and Foundations Div. , 1970, 96(5):1629-1653.

[29] Duncan, J. M. Anisotropy and stress reorientation in clay[C]. J. of Soil Mechanics and Foundations Div. 92, ASCE 4903 Proceeding, 1966.

[30] Favre, J.-L. Pour un traîtement par le calcul de probabilités statistiques des problémes de mécanique des sols [D]. Th. Doct. Spéc. , Université de Grenoble, 1972.

[31] Favre, J.-L. Milieu continu et milieu discontinu: mesure statistique indirecte des paramètres rhéologiques et approche probabiliste de la sécurité[D]. Th. Doct. ès Scies. , Université Paris 6, 1980.

[32] Fodil, A. , Aloulou W. , Hicher P.-Y. Viscoplastic behaviour of soft clay [J]. Géotechnique 47, 1997. 3:581-591.

[33] Foray, P. Contribution à l'étude des tassements et de la force portante des pieux[D].

Th. Doct. ès Scies. , Université de Grenoble, 1972.

[34] Foray, P. Approche expérimentale du comportement des fondations profondes[D]. Mémoire d'habilitation, Université de Grenoble, 1991.

[35] Franco Vilela, T. Mesure des propriétés rhéologiques du sol en régime non permanent ou cyclique[D]. Th. Doct. Ing. , Ecole Centrale de Paris,1979.

[36] Frossard, E. Caractérisation pétrographique et propriétés mécaniques des sables[D]. Th. Doct. Ing. , Université Paris 6, 1978.

[37] Fry, J. J. Contribution à l'étude et àla pratique du compactage[D]. Th. Doct. Ing. , Ecole Centrale de Paris, 1979.

[38] Gibson, R. Experimental determination of the true cohesion and true angle of internal friction in clays[C]. 3rd ICSMFE, Zurich, 1953,1:126.

[39] Graham, J. & Hovan. J. M. R solution par la méthode des caract ristiques des contraintes du problème de butée dans un sable décrit par le modèle d'état critique[J]. Revue Française de Géotechnique , No. 36.

[40] Graham, J. , Crooks, J. H. A. & Bell, A. L. Time effects on stress-strain behaviour of natural soft clays[J]. G otechnique, 1983,33:327-340.

[41] Gr sillon, J.-M. Etude des fondations profondes en milieu pulverulent [D]. Th. Doct. Ing. , Université de Grenoble,1970.

[42] Hardin, B. O & Black, W. L. Vibration modulus of normally consolidated clay[C]. Proc. ASCE, 1968,94(SM2):353.

[43] Hardin, B. O. & Drnevich, V. P. Shear modulus and damping in soils: Measurement and parameter effects (Terzaghi Lecture) [J]. J. of Soil Mechanics and Foundations Div, 1972, 98(6):603-624.

[44] Hardin, B. O. & Drnevich, V. P. Shear modulus and damping in soils: Design equations and curves. J. of Soil Mechanics and Foundations Div. ,1972,98(7):667-692.

[45] Hardin, B. & Richart Jr, F. Elastic wave velocities in granular soils[J]. J. of Soil Mechanics & Foundations Div. ,1963,89(SM1):353.

[46] Hattab, M. & Hicher, P.-Y. Dilatant behavior of overconsolidated clay[J]. Soils and Foundations, 2004,44(4):27-40.

[47] Henkel, D. The effect of overconsolidation on the behaviour of clays during shear[J]. Géotechnique,1956,6(4):139-150.

[48] Hicher, P.-Y. Comportement mécanique des argiles satur es sur divers chemins de sollicitations monotones et cycliques: application àune modélisation élastoplastique et viscoplastique[D]. Th. Doct. ès Scies. , Université Paris 6,1985.

[49] Hicher, P.-Y. The viscoplastic behaviour of Bentonite[C]. Int. Conf. on Rheology and Soil Mechanics, Coventry, Elsevier, 1988:89-107.

[50] Hicher, P.-Y. Elastic properties of soils[J]. J. of Geotechnical Engineering, ASCE, 1996,122(8):641-648.

[51] Hicher, P.-Y. & Biarez, J. Lois de comportement des sols remaniés et des mat riaux granulaires[M]. Notes de cours pour le DEA m canique des sols et structures, tome 1

approche expérimentale,1990.

[52] Hicher, P.-Y., EI Hosri, M. S. & Homsi, M. Cyclic properties of soils within a large range of strain amplitude[C]. 3rd Int. Conf. on Soil Dynamics and Earthquake Eng,. Princeton,1987.

[53] Hicher, P.-Y. & Lade, P. V. Rotation of principal directions in K_0-consolidated clay [J]. J. of Geotechnical Engineering,1987,113(7):774-788.

[54] Hicher, P.-Y., Tessier, D. & Wahyudi, H. Microstructural analysis of strain localisation in clays[J]. Computers and Geotechnics,1994, 16:205-222.

[55] Hicher, P.-Y. & Trueba-Lopez, V. Induced anisotropy in normally consolidated clay [C]. Proc. 3rd Int. Conf. on Constitutive Laws for Engineering Materials— Theory and Applications, Jan. 7-12, 1991, Tucson, Arizona,1991.

[56] Hicher, P.-Y., Wayudi, H. & Tessier, D. Microstructural analysis of inherent and induced anisotropy in clay[J]. Mechanics of cohesive-frictional materials,2000, 5: 341-371.

[57] Homsi, M. Contribution à l'étude des propriétés mécaniques des sols en petites déformations à l'essai triaxial[D]. Th. Doct., Ecole Centrale de Paris,1986.

[58] Ishihara, K. & Towhata, I. Cyclic behavior of sand during rotation of principal axes [M]. Mechanics of granular materials: new models and constitutive relations, Elsevier,1983:55-73.

[59] Jamiolkowski, M. Design parameters for soft clay[C]. Proc. VII European CSFE, Brighton 5,1979.

[60] Kharchafi, M. Contribution à l'étude du comportement des matériaux granulaires sous sollicitations rotationnelles[D]. Th. Doct., Ecole Centrale de Paris, 1988.

[61] Konishi, J., Oda, M. & Nemat-Nasser, S. Induced anisotropy in assemblies of oval cross-sectional rods in biaxial compression[M]. Mechanics of granular materials: new models and constitutive relations, Elsevier, 1983:31-40.

[62] Ladd, C. C. & Command, A. M. Stress-strain behavior of saturated clay and basic strength principles[M]. Rep. R64-17, No 1, Part 1, Soil Mechanics Division, Dept. Civil Eng., Massachusetts Institute of Technology, Cambridge,1964.

[63] Lade, P. V. & Duncan, J. M. Cubical triaxial tests on cohesionless soil[J]. J. of Soil Mechanics and Foundations Div. ,1973, 99(10):793-812.

[64] Lade, P. V. & Musante, H. M. Three-dimensional behavior of remolded clay[J]. J. of Soil Mechanics and Foundations Div., 1978, 102(2):193-209.

[65] Lam, W.-K., & Tatsuoka, F. Effect of initial anisotropic fabric and σ'_3 on strength and deformation characteristics of sand[J]. Soils and Foundations, 1988, 28(1): 89-106.

[66] Lanier, J. Essais tridimensionnels sur le sable d'Hostun[M]. Rapport Scientifique Gréco Géomatériaux, 1987.

[67] Lanier, J. & Zitouni, Z. Development of a data base using the Grenoble true traxial apparatus[C]. Proc. Int. Workshop on constitutive equations for granular non-cohe-

sive soils, Cleveland, Balkema,Rotterdam, 1987.

[68] Le Long Contribution à l'étude des propriétés m caniques des sols sous fortes pressions[D]. Th. Doct. Ing. , Université de Grenoble, 1968.

[69] Lee, K. L. & Seed, H. B. Drained strength characteristics of sands[C]. Proc. ASCE,1967, 93(6):117-141.

[70] Lee, K. L. & Seed, H. B. Undrained strength characteristics of cohesionless soils [C]. Proc. ASCE,1967, 93(6):333-360.

[71] Lumb, P. & Holt, J. The undrained shear strength of a soft marine clay from Hong Kong[J]. Géotechnique,1968, 18(1):25-36.

[72] Luong, M. Stress-strain aspects of cohesionless soils under cyclic and transient loading[C]. Proc. Int. Symp. on Soils under Cyclic and Transient Loading, Balkema, Rotterdam, 1980.

[73] Lyons, K. The prediction of ground movements associated with tunnelling using the finite element method[M]. Imperial College, London, 1992:8-10.

[74] Matsuoka, H. & Nakai, T. Stress-deformation and strenght characteristics of soil under three different principal stresses. Proc. Japan Society of Civil Engineers, 1974, 232:59-70.

[75] Mesri G. & Goldewski P. M. Time and stress-compressibility inter-relationship[J]. J. of Soil Mechanics & Foundations Div. ASCE,1977, 103:417-430.

[76] Mitchell, R. J. On the yielding and mechanical strength of Leda clays[J]. Canadian Geotechnical Journal,1970, 7(3):297-312.

[77] Nascos, N. A. Quelques aspects du comportement mécanique de l'argile satur e, consolidée sous fortes pressions[D]. Th. Doct. Ing. , Ecole Centrale de Paris, 1985.

[78] Nash, K. The shearing resistance of a fine closely graded sand[C]. Proc. 3rd Int. Conf. on Soil Mechanics and Foundation Engrg, Zurich, 1953,1:160.

[79] Nedjat, N. Une banque de données pour le calcul de barrages[J]. Revue française de Géotechnique,1992, 60:71-81.

[80] Nedjat, N. The group index effect on rockfill dam material[C]. Proc. 3rd Int. Conf. for Building Materials, Structures and Techniques, Vilnius, Lithuania, 1993: 219-224.

[81] Ochai, H. & Lade, P. V. Three-dimensional behavior of sand with anisotropic fabric [J]. J. of Geotechnical Engineering,1983, 109(10):1313-1328.

[82] Rivera, R. Détermination des propriétés mécaniques des sables et des argiles en r gime dynamique et cyclique en faibles d formations[D]. Th. Doct. , Ecole Centrale de Paris, 1988.

[83] Ropers F. Contribution à l'étude du compactage. Th. Doct. Ing. , Ecole Centrale de Paris, 1982.

[84] Roscoe, K. & Burland, J. On the Generalized Stress-Strain Behaviour of Wet Clay [M]. Engineering Plasticity. Cambridge University Press, Cambridge,1968.

[85] Roscoe, K. , Schofield, A. & Thurairajah, A. Yielding of clays in states wetter than

critical[J]. Géotechnique,1963, 13(3):211-240.

[86] Roscoe, K. , Schofield, A. & Wroth, C. On the yielding of soils[J]. Géotechnique, 1958, 8(1):22-53.

[87] Rowe, P. W. & Rowe, P. The stress-dilatancy relation for static equilibrium of an assembly of particles in contact[C]. Proc. of the Royal Society of London. Series A. Mathematical and Physical Sciences,1962, 269,(1339):500-527.

[88] Saada, A. S. & Puccini, P. The development of a data base using the Case hollow cylinder apparatus[C]. Int. Workshop on Constitutive Equations for Granular Non-Cohesive Soils. Cleveland, USA, Balkema Rotterdam,1987.

[89] Saada, A. S. & Townsend, F. C. State of the art: Laboratory strength testing of soils[M]. ASTM,1980.

[90] Schofield, A. N. & Wroth, P. Critical State Soil Mechanics[M]. McGraw-Hill, London,1968.

[91] Schulze, E. Bodenmechanische Probleme bei Sand[D]. Mitteilungen des Inst. für Werk Grundbau und B. M. der Tech. Hochschule, W. G. B. Heft 50, Aachen,1970.

[92] Shibata T. & Karube D. Creep rate and creep strength of clays[C]. Proc. VII IC-SMFE, Mexico City, 1969:361-367.

[93] Simon, J. M. Propriétés mécaniques des argiles, synthéses des lois usuelles et rôle des vitesses de déformation comparé à celui des températures[D]. Th. Doct. Spéc. , Université de Grenoble,1972.

[94] Simpson, B. , Calabresi, G. , & Wallay, M. Design parameters for stiff clays[C]. Proc. 7th Eur. Conf. SMFE, Vol. 5, pp. 91-125. Thomas Telford, London,1981.

[95] Singh, A. & Mitchell, J. K. General stress-strain-time function for soils[J]. J. of Soil Mechanics and Foundation Engineering Div. ,1968, 94(1):21 46.

[96] Skempton, A. & Henkel, D. The post-glacial clays of the Thames Estuary at Tilbury and Shellhaven[C]. Proc. 3rd ICSMFE, Zurich,1953, 1:71-79.

[97] Skempton, A. W. & Jones, O. Notes on the compressibility of clays[J]. Quarterly J. of the Geological Society,1944, 100(1-4):119-135.

[98] Sture, S. , Budiman, J. S. , Ontuna, A. K. & Ko, H. Y. Directional shear cell experiments on a dry cohesionless soil. Geotechnical Testing Journal,1987, 10(2):71-79.

[99] Symes, M. , Gens, A. & Hight, D. Undrained anisotropy and principal stress rotation in saturated sand[J]. Géotechnique,1984 34(1).

[100] Tavenas, F. & Leroueil, S. Creep behavior of an undisturbed lightly overconsolidated clay[D]. Research report, University of Sherbrooke, Canada,1978.

[101] Tavenas, F. & Leroueil, S. Les concepts d'état limite et d'état critique et leurs applications pratiques à l'étude des argiles[J]. Revue Fran aise de Géotechnique,1978, 6:27-48.

[102] Terzaghi, K. & Peck, R. B. Traité de mécanique des sols appliquée[M]. Trad. 4ème édition Dunod, Paris,1957.

[103] Trueba, V. Etude du comportement mécanique des argiles saturées sous sollicitati-

ons tridimensionnelles[D]. Th. Doct. , Ecole Centrale de Paris,1988.

[104] Vesic, A. & Clough, G. W. Behavior of granular materials under high stresses[J]. J. of Soil Mechanics and Foundation Engineering Div. ,1968, 94(SM3):661-668.

[105] Wahyudi, H. Etude des propriétés mécaniques des matériaux argileux en relation avec leur organisation à différentes échelles[D]. Th. Doct. , Ecole Centrale de Paris,1991.

[106] Wong, R. & Arthur, J. Induced and inherent anisotropy in sand[J]. Géotechnique, 1985, 35(4):471-481.

[107] Wong, R. & Arthur, J. Sand sheared by stresses with cyclic variations in direction [J]. Géotechnique, 1986, 36(2):215-226.

[108] Wood, D. Truly triaxial stress-strain behaviour of kaolin[C]. Proc. Symp. on the Role of Plasticity in Soil Mechanics, Cambridge,1973.

[109] Worth, C. P. & Schofield, A. N. Critical State Parameters[C]. Proc. ASCE J. Geot. Eng. Tech. Notes, GT4,1968:497-501.

[110] Yin, Z. Y. Mod lisation viscoplastique des argiles naturelles et application au calcul de remblais sur sols compressibles[D], Th. Doct. , Ecole Centrale de Nantes & Université de Nantes,2006.

[111] Yin, Z. Y. & Hicher, P.-Y. Identifying parameters controlling soil delayed behaviour from laboratory and in situ pressuremeter testing[J], Int. J. for Numerical and Analytical Methods in Geomechanics,2008, 32:1515-1535.

[112] Zervoyannis, C. Etude synth tique des propriétés mécaniques des argiles saturées et des sables sur chemin œdométrique et triaxial de révolution[D]. Th. Doct. , Ecole Centrale de Paris,1982.

[113] Ziani, F. Contribution à l'étude du compactage des sols: cas particulier du comportement des sables trés peu denses[D]. Th. Doct. Ing. , Université de Gembloux, Belgium,1987.

[114] Zitouni, Z. Comportement tridimensionnel des sables[D]. Th. Doct. , Université de Grenoble,1988.